我们不需要改变世界的魔法，我们自己的体内就有这样的力量

——J·K·罗琳

张建华　魏莉◎编著

Zhichang Shengcun Ziben Dazao

打造职场
生存资本

——提升职场优势的7堂必修课

中国发展出版社

图书在版编目（CIP）数据

打造职场生存资本——提升职场优势的 7 堂必修课/张建华，魏莉编著. —北京：中国发展出版社，2010.3

ISBN 978-7-80234-514-0

Ⅰ. 打⋯ Ⅱ. ①张⋯ ②魏⋯ Ⅲ. 成功心理学—通俗读物 Ⅳ. B848.4—49

中国版本图书馆 CIP 数据核字（2010）第 001712 号

书　　　名：打造职场生存资本——提升职场优势的 7 堂必修课
著作责任者：张建华　魏莉
出 版 发 行：中国发展出版社
　　　　　　（北京市西城区百万庄大街 16 号 8 层　100037）
标 准 书 号：ISBN 978-7-80234-514-0
经 销 者：各地新华书店
印 刷 者：北京凯达印务有限公司
开　　　本：720×1000mm　1/16
印　　　张：13.5
字　　　数：175 千字
版　　　次：2010 年 3 月第 1 版
印　　　次：2010 年 3 月第 1 次印刷
印　　　数：1—6000 册
定　　　价：30.00 元

联 系 电 话：(010) 68990625　68990692
购 书 热 线：(010) 68990682　68990686
网　　　址：http://www.develpress.com.cn
电 子 邮 件：drcpub@126.com

前言

培育蘑菇，为了根肥叶硕，往往要被浇上奇臭无比的大粪。初入世者，常常会被置于阴暗的角落，打杂跑腿，接受各种无端的批评指责而得不到指导和提携。蘑菇生长必须经历一瓢瓢大粪，人才的成长也必定会经历各种挫折与磨砺。这就是人们常说的蘑菇定律，或叫萌发定律。

很多初入职场者抱着很高的期望，认为自己"太有才了"，理应得到重用，应该得到厚酬，为此论斤论两，盘算、衡量自己的付出与回报。然而残酷的现实往往将其期望击得粉碎，为此失去信心，失去工作热度，消极以待工作，时不时在内心深处高呼"天生我才有何用？"

还有很多初入职场者，认为自己什么也不懂，什么也不会，一无是处，迫于生活的压力才踯躅到人生的前台，做事畏首畏尾，瞻前顾后，办事无力度，工作无进度，领导觉得头痛，他自己更觉得痛苦。

居于两类人之间者，有热度，有韧劲，但也时不时袒露"敢问路在何方"的疑惑与迷离。

凡此种种，可以说是职场新人的代表，他们在人生的马拉松征程中陪跑了三五程后，感觉气也粗了，腿也软了，心也懈了，慢慢在观众目光的缝隙中默默退下场来，"躲进小楼成一统"。

场上奔跑者，场下歇息者，谁又没有成为生活领跑者的雄心与渴望呢？可是，初涉世者，往往感觉大千社会，如同一张无边的蜘蛛网，而自己被困在网中央，动弹不得。

成功绝不是偶然的，成功一定有方法！

鉴于此，笔者结合十多年来职场所体所察的人生感悟，编写了本书。本书内容丰厚，囊括了职场中的困惑与难点，并就这些问题一一作出了解答；其形式新颖活泼，短小精悍的故事配以可操性极强的细节解说，定会使你在轻松愉悦的阅读中获益良多。

细细研读，静心默思，并将其间朵颐转化为工作、生活的一部分，你的职场、人生资本将会越来越丰厚。曾经，在某个角落里，历经凄风苦雨的蘑菇核，终将裂变，升腾起蔚为壮观的蘑菇云。

编　者

2010 年 2 月

目录
Contents

第4堂课 资本与"知本"——读懂你的老板 ·········· 115

第7堂课 资本裂变——广拓人脉资源，传播职业口碑 ················ 183

第 **1** 堂课

资本之源

——切发轫于心

20世纪70年代，一个15岁的男孩，初中还没读完，就辍学进了木工车间当学徒。由于全部是手工活，体力消耗很大，上进心极强的他没日没夜地干，换来了一个"好木工"的称号和车间主任的职务，代价是肾给累坏了。

后来，木工车间独立出来成为木器厂，他被任命为厂长。为了找饭吃，他带了200元钱和3位伙伴闯进了大上海，辗转找到一家雕刻品厂，苦心学习雕刻手艺。然后，他又带工人到他乡学习，还将个别老师傅请到家里来传授绝活……

半年后，他们生产的第一只樟木箱送到广交会，结果备受欢迎，销路一点一点打开了……

后来，他看准佛龛市场。对产品质量极其严格的追求使得他们战胜了其他对手，几乎垄断了日本整个佛龛市场。

多年以后，记者采访，发觉他有一个特点，即30多年来，有4大方面始终保持不变：

①角色不变。当学徒时非常本分地干活，当厂长时想办法为工人谋福利，做企业家时坚守一个企业家的本分。

②主业不变。这么多年，一直将生产佛龛作为其集团的支柱不动摇，在专业化道路上坚持了几十年。近几年适度多元化，也是在做好主业的前提下渐进式实施的。

③总部基地不变。几十年过去了，集团的总部基地牢牢地扎根在他当初的创业地，始终不曾动过变迁的念头。

④心态不变。做大了的他总是这样告诫自己："我们要谨慎摆正自己的位置，放下架子，把自己看得还是和原来的小木匠一样，才能与人和睦相处。做到不但善于雕刻木头，还善于雕刻资源，从而雕刻好我们的人生。"

说了半天，这人是谁呢？他就是中国第一位亿万富豪张果喜——20 世纪 80 年代初，他的个人资产就已近 3 个亿。

他不仅"富得早"，而且还"永不倒"。2005 年，他的个人资产总额接近 2 亿美元，多次荣登"福布斯中国富豪榜"。

一个人的成功往往是多方面的，"中国第一位亿万富豪"30 多年的"4 大不变"给了我们一个启示：无论身处什么角色，都要懂得摆正自己的位置。因为这涉及你能否踏踏实实地为人处世，创造个人口碑，从而获得成功。

世界第一富豪比尔·盖茨曾经说："无论做什么事情，如果不摆正自己的位置，不摆正自己的心态，你将一事无成！"

你的资本是什么

中国的国情非常复杂，在近 1000 万平方公里内生活着三种不同"世界"的人。大约有 7 亿至 9 亿的农民生活在属于"第一次浪潮"的世界里，即还停留在农业社会；"第二次浪潮"的人口约有 2.5 亿至 3 亿，他们还属于大生产的工业社会，出卖廉价的劳动力；中国只有极少数人跨入了以知识经济为基础的"第三次浪潮"，这些人不超过 1000 万人。

如今，以"人机充分融合"为主要特征的"第四次浪潮"正在来临……

——［美］阿尔文·托夫勒

人活在这个世界上，到底是为了什么，追求什么？

对于这个看似简单而又复杂的问题，美国著名的心理学家亚伯拉罕·马斯洛作了较好的回答。

1943 年，马斯洛出版了《人类动机的理论》一书。在该书中，他提出了其著名的需求层次理论。

在该理论中，他把人的需求分为五个层次，即生理需求、安全需求、社交需求、尊重需求、自我实现需求。此外，他还谈到，大多数人的需求结构很复杂，无论何时都有许多需求影响行为；一般来说，只有在较低层次的需求得到满足之后，较高层次的需求才会有足够的活力驱动行为。

根据对以上理论及其他相关理论的研究，以及对人生的思考，笔者对人生的追求及获得方式进行了一些归纳与总结。

◎ 人生的驱动力：利、名、情

2003 年世锦赛上，移民卡塔尔的前肯尼亚田径名将切罗诺为卡塔尔赢得了 3000 米障碍赛冠军，这使得这枚原本属于肯尼亚的金牌旁落，肯尼亚人民为此恼怒不已。

然而，更让世人震惊的，这一幕的导演竟是肯尼亚田径协会以及政府官员。这些人在中东小国卡塔尔的强力"银弹"攻势面前，置国家利益于不顾，为切罗诺"转会"牵线搭桥，在国际上和肯尼亚国内引起轩然大波。

其实，切罗诺仅仅是"转会"潮中的沧海一粟。早在 10 年前，肯尼亚优秀运动员就开始移民欧洲参加比赛了。结果田径赛场上肯尼亚运动员"同室操戈"——代表不同国家比赛的场面屡屡出现。

在过去几年中，曾占有垄断地位的肯尼亚男女长跑已经受到了这股"移民浪潮"的严重影响，成绩一落千丈。

肯尼亚这股"运动员移民"的原因是多方面的，但主要原因还是为个人利益而置国家利益于不顾的肯尼亚政府官员和田径协会。

这件事确实令人震惊，但如果从人的本质去思索，就不难理解。

人为了生存，就少不了衣、食、住、行等必要的需求，而要满足这些需求，就必须要赚取金钱。因此，在很大程度上，人是利益的动物。

但人并不满足于此。"人活着就要吃饭，但吃饭不仅仅是为了活着"，这句话很好地说明了人满足了衣食之需后，还有其他需求，如对名誉的追求、对情感的追求等。否则，怎么会有"易牙煮婴"这样的人间惨剧（为了功名而不惜牺牲一切），怎么会有"温莎公爵不爱江山爱美人"的传世美谈（为了情感而放弃一切）？

◎　生存的资本：才、德、貌

李开复在美国微软总部主持部门工作时，接到公司裁员命令。裁员一直进行得比较顺利，但到了最后的时候，他面临一个两难选择：他必须从两个员工中裁掉一个，而这两人，一个才进微软不久，表现非常优秀，一个表现一般，但却是他攻读博士时的师兄。

裁掉前者，他觉得有失公允，因为对方表现优秀；裁掉后者，他觉得其情难舍，因为对方是他的同门师兄。李开复攻读博士时得到过师兄的不少指点，师兄工作也一直非常出色，只是这两年表现一般。

而就此在前不久，李开复的导师在给他的信中，还曾询问他和师兄的工作情况，字里行间暗示他念同门之谊，给予师兄一些照顾。

"该裁掉谁呢？"有几个晚上，李开复躺在床上思来想去。最后，他拿定主意，裁掉了师兄。

事后谈起这件事，他说："最初我确实有些举棋不定，难以取舍。但我假设，如有一份全美的报纸，将我裁员的事情进行了报道，一个标题是'徇私的李开复裁掉了无辜大学生'，一个标题是'冷酷的李开复裁掉了同门师兄'，我觉得第一个标题更让我羞愧，因为它违背了企业唯才是用的价值观，违背了我唯才是举的价值观！"

这个案例说明作为优秀职业经理人的李开复将个人私情与公司要求分得很清楚，而不是掺杂不清。同时，我们换一个角度来看问题，也可得出一个结论："才"和"德"是一个人的生存资本，无才少德，将难以立足于世。

当然，若有倾国倾城之貌，那也是一种资本。所以，一些娱乐明星能够日进斗金，甚至身价上亿。

其实，人生就是一种交换（请不要将"交换"这个词想象得太负面），用才、用德、用貌，抑或三者皆需，去换取利、名，还有情。

人生在世，无非受三种力量驱动，即利、名、情。一般说来，利的需求是人的基本需求，再往上一个层次是名，最高层是情。不同的人，对利、名、情这三者追求的侧重点有所不同。

人获取利、名、情的原始资本为才、德、貌。不同的行业、不同类别的事对才、德、貌这三种资源的需求侧重点有所不同。

在利、名、情有了一定的积累后，三者既可以在内部进行交换，即以利换利，以名换名，以情换情，也可以在三者之间相互交换。

利与利的交换主要遵守商业法则，名与名的交换主要遵守道德、政治法则，情与情的交换主要遵守伦理法则，而三者之间的互换则靠交换双方自己去衡量。利、名、情三者往往因交换而交织在一起，有时难以区分。

因此，在伦理与法律的范围内，你尽可以运用你的才、德、貌这三种生存资本，去获得利、名、情。

当你的才、德、貌三者之中的某方面比较弱时（也可以说低于你所处群体的平均水平时），就必须修炼、强化其他方面。

身在职场，你的生存资本是什么呢？才、德、貌这三者，哪张是你的王牌呢？

成功 ≠ 自己当老板

20世纪80年代初，摆个地摊就能挣钱，可很多人不屑。

20世纪90年代初，买只股票就能发财，可很多人不信。

21世纪初，开个网站就能赚钱，可很多人不试。

面对以上煽动性的创业蛊惑，你回答 Yes 还是 No？

许多人说：当然是 Yes。中国有这样一句话：宁为鸡头，不为牛后。如果从职场的角度来解析，那就是"宁愿月挣300当老板，不愿日进千金去打工"。

由此可见，中国人的"老板情结"是很浓的。

◎ 想创业，你准备好了吗

1992年，某名牌大学计算机专业研究生班结业。一个班上的同学 30 多号人，基本上分为四条线路：一是在国内的大企业就职，二是在知名外企工作，三是自己做公司，进行产品开发或做买卖，四是移民海外。

十几年后，同学聚会，酒酣耳热之际，大家分别谈了谈自己当前的情况。

区小明等几个同学毕业后进了华为、中兴等这样的国内知名企业。如今，这几个人，一个现在还在华为，一个跳到了 IBM，两个移民加拿大，两个积累资金和经验后开起了自己的小公司。基本上都是事业有成。

陈天昊等人毕业时两个去了爱立信，一个去了诺基亚，两个去了三星。现在有的从基层员工做到了部门经理，有一个还成了亚洲区副总，有一个人利用在外企结识的人脉，自己开了公司，赚了不少。

张路等人，有的工作几年后有些积累，找机会移民到了法国、加拿大，有的通过留学美国攻读博士，毕业后留在美国工作。

而研究生刚毕业时，觉得某些产品有市场，自主创业进行产品开发的童飞等七八号人，基本上全军覆没。

谈到自己当前的状况，童飞满脸落寞地说："想做点事情太难了！现在回想起来，为什么自主进行产品研发不成功？关键是资源不足。归结起来，一无资金，二无经验，三无人脉。刚毕业时，哪有资金，只能开发一些小玩意。研发、生产、销售都是哥们几个自己上，毫无经验，什么都得自己摸索。再就是研发出一个东西，想要拿去卖，才发觉任何一个行业，要想进去，都需要有很深的人脉，否则，谁会用你的东西啊？谁敢用你的东西啊！"

呷了一口酒，他继续说："我们班上，毕业后自己开公司搞产品开发的，坚持到现在的，只剩下我和陆华。说实在的，不怕老同学你们笑话，到现在，我没有自己的汽车，也没有自己的房子。陆华至今是连婚都还没有结。早像你们一样，说不定也出国了，至少也都是年薪几十万的部门经理了！"

2003 年初，教育部颁布政策：允许在校大学生、研究生休学创业。一时间，创业大赛硝烟四起，学生老板纷纷亮相，然而很快，学生创业遭遇强劲"寒流"，成功者寥寥。当有记者采访这些学生创业者是否有成就感，他们不约而同地说："有何成就感可言，挺住意味着一切。"

实际上，学生创业，就如案例中所谈到的一样，面临资金、经验、人脉等许多不足。

当然，不是学生或者有一定工作经历者不可自主创业，问题是创业需要面对的诸多问题，你准备好了吗？

①有关行业的知识：创业，首先要明白自己准备创什么"业"？即入哪一行。不能被某些行业的泡沫迷惑，而要对这个行业特点、机遇与风险有较深刻的分析。

②可行的概念：选对行业还不够，还应该找到合适的切入点，并且从切入点能够持续地开发、扩展。

③确定的目标：创业无非是想比打工获取更多的利、名、情（尤其是利）。那么你的创业目标是什么？2～5年内你要达到什么赢利目标？如果达不到，你能否承担由此带来的机会损失？比如说别人打工挣了一些钱，而你连吃饭都成了问题。

④个性特质：创业者不一定要有高智商，但一定要具有较高的情商，比如敢想、敢干、敢挑战的个性，善于分析，懂得抉择等。

⑤充分的资源：包括财力和人力。创业者要具备充足的资金、才能、时间、精力和毅力。

⑥一定的经验：这不是行业中的一般技能，而是指技术、市场经验，团队管理经验等。

⑦较广泛的人脉：人脉意味着遇到困难是否有业内人士愿意为你出谋划策，意味你的产品、技术是否有市场。没有这些，即使你的内部运作很好，往往也很难打开局面。

如果你有心创业，而且在以上方面都能较好地把握，那你不妨在创业的道路上试一试。

◎ 他们，选择做"打工皇帝"

喜欢唱卡拉 OK 的朋友可能都喜欢在一顿狂吼之后看看你自己的表现能得多少分。但是你很可能不知道，这种能给你的唱功打分的玩意，是有着"打工皇帝"之称的唐骏当年在日本留学时发明的！

20 世纪 90 年代初，卡拉 OK 风行整个东南亚，唐骏为此发明了一个卡拉 OK 打分器，并把这个专利卖给了韩国三星公司。另外，他还为日本一家娱乐公司开发了一种好玩的"街头速配机"，一时风行大阪。

靠这两样专利获得的 8 万美元，留学美国攻读博士的唐骏一边读书，一边很快做起了"老板"，开始了在美国的艰辛创业历程。他办过软件公司、法律服务所、影视娱乐公司等，这使得他在经济上完全摆脱了穷学生的窘境，引得周围好多人的美慕。

然而此时的唐骏，却有了一份苦恼。因为在 20 世纪 90 年代初，他始终思考这样一个问题：为什么《财富》500 强企业的排名里没有中国企业的身影？为什么跨国大公司、世界级的大老板没有几个是中国人？

为了找到答案，更为了自己的理想，1994 年，他毅然扔掉了"老板"的头衔，卖掉自己的 3 家公司，加盟微软，参与 Windows 系列操作平台的设计，以一个"打工者"的身份进入了世界顶级公司。

对此，唐骏的亲朋好友表示不解。在微软，唐骏只能是一个从零开始的低层程序设计人员，是一个打工者，与其早先的"老板"身份有着天壤之别。

后来唐骏解释道："微软让我站到了一个行业的最前沿，我学到了在我原来的小圈子里永远也学不到的东西。所以，我觉得当初这个'打工者'做得值，如果我一直像过去那样当我的老板，我就永远只是一个小行当的小作坊的小老板。"

1997 年底，唐骏受微软公司总部委派，来到中国上海筹建大中国区技术支持中心。

1998 年，出任微软亚洲技术中心经理。

2001 年，升任微软公司全球技术中心总经理。

2003 年，出任微软（中国）有限公司总裁。

因为他的杰出表现，他是微软公司唯一一位 3 次（1998 年、2000 年和 2001 年）被授予最高奖项——比尔·盖茨总裁杰出奖和杰出管理奖的员工。

为了进一步挑战自己，2004 年，他离开微软，入主盛大，成为"打工皇帝"——总裁。为此，盛大老板陈天桥给他 266 万多股期权，期权价格为股票发行价，有效期 10 年。由于盛大股价一路高升，唐骏目前所拥有的期权价值折合人民币已超过 7 亿元。毋庸置疑，他目前已经成为中国身价最高的职业经理人。

回首往事，唐骏始终认为，进微软打工，是他人生最大的也是最成功的一次选择，因为在实践中他学到世界顶级企业一流的管理和内涵。他的成功也证明了中国人完全可以做好一流的管理。

除了唐骏这样的"打工皇帝"，有着类似称号的还包括从 IBM 到微软再到 TCL 的吴士宏、国航油掌舵人陈久霖、格力空调总经理董明珠等。以他们的财富、资历、影响力，他们为什么不单独创业？他们的理由与唐骏是一样的：希望借已有的平台发挥个人的价值，而不是做一个小老板从头开始。

因此，对于有着"老板情结"却因为打工而一天到晚"郁郁不得其志"的职场人士，应当重新审视"成功"这一定义——成功并不意味着要自主创业，自己当老板，否则你必须从一个"作坊主"开始，兀兀穷年而不知其果。

所以，打工是一种低成本生存方式，打工也是一种智慧的选择。

做一个快乐的打工者

人最大的危险就在于不知道自己所处的位置。

——［英］劳伦斯·丁·彼得

2005 年，央视经济频道"绝对挑战"摄制组和智联招聘网联合牵头，北京大学社会调查研究中心进行了一项有关倡导"快乐工作"的网络调查。

在对全国 10 大城市数十家企业的员工历时 1 个月的"快乐指数"调查中，有 37.72% 的员工选择了"总的来说是快乐的"，有 41.64%的员工表示"不快乐的时候多"，还有 20.64% 的员工表示"很痛苦，想换工作"。因此，总体来说，不快乐的占了被调查者的 62.28%。这确实是一个令人担忧的调查结果。

当然，员工的不快乐，肯定是雇佣双方共同的结果，而绝不会是某个单方面的原因。但作为一名职员，在资本面前，我们很难从根本上改变企业或者老板，我们改变的只能是我们自己。

◎ 摆正自己的心态：你在为谁打工

一个初中毕业生在北京能干什么？答案是做京城房地产"大佬"潘石屹的营销副总，年薪 100 万。

1995 年，23 岁的四川小子胡文俊在朋友的怂恿下，怀揣着几百元钱来到了向往已久的北京。

他先是在一家川菜酒楼打杂。由于干活非常卖力、认真，几个月后，他的工资由最初的 250 元涨到了 800 元。但酒楼的工作让他感觉没有什么前途，一年后，胡文俊萌生了另找工作的想法。

一没文凭，二没北京户口，三没技术，能找什么新工作呢？想来想去，他觉得搞销售不错。生性内向，不善与人沟通的他，何以做销售？他这样质问自己，但他决定试一试。

1997 年的一天，他在人才市场碰到一家房地产代理公司招聘业务员，对户口、学历、经验都没有要求，便马上挤上前去报名，居然被录取了。

他的新工作是到一些酒楼、停车场、夜总会和写字楼等高收入人群较多的地方发广告单。

七月的北京，骄阳似火，穿行在马路上发广告单，不到一周，烈日就将他那张自卑的脸晒得脱了皮。但他劲头十足，非常卖力，每天早晨6点多钟就出去，晚上12点还在路边发宣传单。

拼命干了3个月，发出去的单子最多，反馈的信息也最多，可就是没有一单生意做成功，这让他很郁闷。干到第4个月时，胡文俊打了退堂鼓，向主管说他干不了这活儿。

在主管的安慰下，他留了下来。不久，被胡文俊单子吸引过来的两个客户购买了房子。他第一次拿到了提成，虽然只有区区几百元，但是对他而言却是最大的鼓励！

后来几经辗转，他所在的销售团队被现SOHO集团看中而集体跳到了SOHO，他于是成为SOHO现代城楼盘销售部一个普通业务员。

等待机会的日子是那么的漫长。有一天，好不容易有了一个机会，紧张、满脸通红、手心出汗的胡文俊几乎什么都不会讲，客户失望地走了……一个同事见此情景，悄悄地说："像胡文俊这样的人能把房子卖出去，那真是撞到鬼了！"胡文俊听见后伤心透了。

知道自己离一个合格的销售员还差得很远，为此胡文俊开始苦练沟通技巧。发单时，他强迫自己主动跟街上的行人说话，介绍楼盘。先是低着头说，后来就看着别人说。两个月后，他发现自己的说话能力果然提高了许多。

一个偶尔的机缘，一个抱着箱子的陌生人向他问路。他热情地告诉了对方，但对方还是搞不明白，胡文俊于是干脆领着他去，还帮他抬箱子，一直到目的地。

告别的时候，胡文俊顺手发了一张宣传单给他。第二天，那人就主动来找胡文俊了。看过楼盘之后，那人当即就决定买两套房，并说："我平时很烦别人向我推销东西，但你朴实，助人为乐，值得信赖，所以我很相信你！"

这一单，胡文俊赚到了有生以来让他心跳不已的一笔佣金——1万元。拿到钱的时候，他的手激动得有些发抖。不仅是因为钱，更重要的是，他知道自己能行！

尽管业绩实现了零的突破，但胡文俊的成绩在业务员中仍然属于比较差的。

后来公司采取末位淘汰制，处在淘汰边缘的胡文俊经常彻夜难眠。他像疯了一样，一天到晚不停地给客户打电话，以至于有些客户一看是他的电话都不敢接……

工夫下得多而业绩不好，这使他认识到硬拼不行，还要智取，要学会一些销售技巧。为此他聆听经验丰富的同事如何与客户交流，每天下班后认真钻研买来的一大包关于销售技巧的书。由于每天的睡眠不超过5个小时，他曾经引以为豪的1.5的视力，变得不足0.8了，不得不戴上了眼镜……

那段时间，胡文俊进步很快，业绩开始稳步上升。

这样不断学习，不断实践，讲求方法，死打硬拼，到2002年年底，胡文俊的销售额达到6000万元，在近100名销售员中排名第一。

按照公司的规定，销售业绩进入前五名者可以竞选销售副总监。于是，他决定试试，并获得了成功。

结果一个季度下来，因为所带领的销售团队业绩不佳，他的副总监"宝座"还没有坐热，就被撤了！他又成了一名普通销售人员。

他不服气，决定在哪里跌倒，就从哪里爬起来！2003年末，他又拿到了全公司第一，再次竞选当上了销售副总监。

这一次，他一上任就开始精心培训手下的员工，将自己的经验毫无保留地传授给他们。此后，胡文俊所带团队的业绩一直在公司名列前茅。他的收入自然也很高，最高时一周拿到了几万元。他一年的收入有多少？不清楚，但可以推断，他的年收入在100万元以上。

现在的胡文俊和初来北京时的他判若两人。不只是物质上的改变，更多的是精神和气质上的改变——以前不敢想的，现在敢想了；以前做不到的，现在能够做到了。

2004年底，胡文俊在接受记者采访时，透露了他今后的打算：再做几年，积累到足够的资金后，投资开一家高档酒店，自己做老板……

看了这个故事，我们可以问问自己：我们究竟在为谁打工？

答案应当非常明确：我们现在所经受的一切，都是在为自己打工，为自己的人生而打工！

◎ 摆正自己的位置：不要挑三拣四

"都不去，那我去吧！"吴斌对电话那头的车队领班说。

"老吴，你还真去呀？"吴斌刚一放下电话，司机办公室几位同事就围过来七嘴八舌地问道。

"给谁开车不是开车！"吴斌很平淡地说。

"话虽这么说，可是你想想，这位新调任的副总，听说只有30多岁，那么年轻，就坐上副总的位置，能干得长吗？而且论年龄，我们都可以做他的叔叔，叔叔给侄子开车，这滋味……"司机李说。

从上任的第一天开始，吴斌就非常尽职尽责，每天把车擦得锃亮，车内打理得干干净净，准时准点接送那位年轻的副总。

副总为此感觉有些不安。

"您是副总，再年轻也是我的上级，您就安心坐您的车，我就踏踏实实地开我的车。干什么就得吆喝什么……"吴斌笑着说。

有一天天朗气清，刚处理完一桩重要事情的副总心情非常好。看到路上的车并不多，拿到驾照不久的副总想过过车瘾，就跟吴斌商量试试手。

"好啊！"吴斌很痛快地答应了。

明媚的阳光，舒缓的音乐，副总非常惬意。

就在他忘情之时，前面的红灯突然亮了，等他反应过来时，已经越过红灯半个车身了。

警察马上向他们走过来。

"来，您跟我换个位置！"就在副总还在犹豫之时，吴斌将副总挤到后面的座位上去了，而自己坐到了驾驶座上。

吴斌替副总背了黑锅。

事后，副总感到特别不好意思。

不久，副总因能力突出，受聘到一家著名的外资企业任某部门高级主管。他走的时候，将吴斌也带了过去，继续替他开车。

一年后，副总给吴斌弄了某部门副主任的虚职，享受中层干部的待遇。

三年后，吴斌凭着在该外资企业的所得，买了一栋非常漂亮的住宅。

听到这个故事，有些人可能会说"瞎掰，天上哪能掉馅饼？再说这种机会，千年等一回，哪轮的上我？"

没错！天上确实不会掉馅饼，但吴斌是得到了天上掉下来的馅饼吗？

他摆正了自己的位置：司机就是司机，给谁开车都是司机！面对并不令人看好的副总，当其他同事挑三拣四时，他毫不犹豫地接受了。

他尽到了自己的职责：每天把车擦亮扫净，按时接送，并在危难之中显身手，替副总顶了雷。

至于是否是千年等一回，其实未必。

按照故事中的形势推断，副总在众司机眼里人气不咋的，为此都怕跟错人，唯独吴斌摆正了自己位置，认为跟谁开车都是开车，没必要挑肥拣瘦，因此对待这件事上，他可以说没有什么私心。

结果正应了老子的一句话：无私，故能成其私。

调整心态，摆正位置，尽职尽责，你怎么会知道站在你面前的老板、上司，不是你命中的贵人呢？

所以吴斌所获得的一切，尽管让人感觉有些意外，但也是理所应得的。

下面我们来看看以下几种打工者，您属于其中的一种吗？

①自卑型：压抑个性，对自己的生存能力缺乏信心，对老板唯命是从，跟着老板就像抓着救命稻草。

②牢骚满腹型：对公司大小事情发表个人负面评论，甚至搬弄是非。

③自大型：自我感觉良好，总觉得老板亏待了自己，总觉得付

出没有得到回报。

④吃里爬外型：出卖公司的商业秘密获取个人好处，比如在招投标中出卖公司的标的。

⑤欺诈型：心术不正，希望利用公司管理上的漏洞获得额外的非法收入。

⑥野心家型：利用公司的漏洞，在掌握了公司全部生产经营和客户资源后将公司抛弃，自己另起炉灶。

如果您不属于其中的一类，那恭喜您，作为职员，您的在大方向上摆正了自己的位置。

◎ 做一个快乐的打工者

有一位打工者，初进公司时，基本上什么都不会做。好在他很能吃苦，那些琐屑的事他都乐呵呵地去做。

慢慢地，他掌握了不少本领，有时候甚至还能独当一面，为此老板给他"官升两级"，让他给自己当助手，出差时拎个包什么的。

再后来老板让他专门跟着自己收款，并打理一些外部关系。很多时候，他帮老板清点从客户那里要回的货款，动不动就是几十万。

他的心慢慢失去了平衡，因为他感觉做老板真是太好赚钱了，而自己，唉，一个月就那么点进账，还不够老板一顿饭钱！

为此他一直闷闷不乐，终于有一天，他向老板提交了辞职报告，主要理由是个人经济压力较大，而工资又太低，因此他决定出去寻找新的机会。

第二天，他收到了老板的一封邮件："小阎，我能理解你经济上的压力，但因为觉得工资低就准备走人，我有点不同的看法。涨不涨工资，表面上是我说了算，但实际上，还是你说了算。你想想啊，如果公司真的缺了你不可的话，还用你来申请吗？公司主动就会给你涨了。你跟我出去很多次，难道没有看到吗，我们每年给人家的顾问费，不是每年都上涨吗？这还用人家主动提吗，是不是？我也不是生来就当了老板，我打了近20年的工，这其中的酸甜苦辣，我都经历过。但我要说，那种感受，比较起我今天当老板每天所要承受的心理折磨，相差太远了！真的！小阎。只是因为我看你个可塑之才，才愿意说这番肺腑之言。因此，我还是希望你留下来，踏踏实实地继续干，哪天我觉得你翅膀硬些了，我的庙里容不下了，我会让你远走高飞的！"

很多时候，许多打工者觉得打工让他非常不快乐，问其理由，往往有一个共同的要因：老板太"抠"，老板太"剥削"人！

对以上想法我不想辩驳，也不想为老板们歌功颂德。我身边的几位朋友，当初也不想被老板"剥削"，在同学们的一片赞誉声中自己也当起了老板。结果呢？如今只剩一个在苦苦挣扎，其他几个又去打工了。聚会时我们询问这些"曾经的老板"，这些人异口同声说：老板不是人当的（太累，太累，每天都没有睡过一个好觉）！

因此，如果我们因为感觉受到老板"剥削"而闷闷不乐，我们不妨想想以下几点，或许我们会明白很多道理：

其一，老板为自己的公司投资了资金、设备、厂房，甚至身家性命，你投入了什么？

其二，公司是老板用汗水与智慧打拼出来的，其经历的种种身心折磨，你经历过了吗？

其三，公司搭建了这样一个平台，其财富是许多人努力的结果，而不是某个人的贡献所致，尽管你或许占据一个比较重要的位置。

其四，如果你是公司的老板，你会把员工为你挣的每一分钱返还给员工吗？如果这样，公司如何继续发展，创办公司的经济价值何在？

当然，除了因为这种不正确的心态导致许多员工不快乐外，还有许多其他因素，譬如觉得工作价值感低，没有发展前途，办公室人际关系让其心烦等。

但这一切的一切，都源于你是否摆正了自己的位置，是否具有良好的职业心态。

　　因此，要想消除或者说减少不快乐的情绪，首先是要摆正你的心态，改变你的思维模式。只有这样，你才能消除不快乐的根源。

　　如果我上面的一大番言论还让你觉得不足为论，那我只好搬出世界首富比尔·盖茨来劝说你了。这位年轻时也给别人打工，之后白手起家成为世界首富的人，曾经总结以下10条人生的箴言：

　　①人生是不公平的，习惯去接受它吧。

　　②这个世界不会在乎你的自尊，这个世界期望你先做出成绩，再去强调自己的感受。

　　③你不会一离开学校就有百万年薪，你不会马上就是拥有移动电话的副总裁，两者你都必须靠努力赚来。

　　④如果你觉得你的老板很凶，等你当了老板就知道了，老板是没有工作任期保障的。

　　⑤在速食店煎个汉堡并不是作践自己，你的祖父母对煎汉堡有完全不同的定义。

　　⑥如果你一事无成，不是你父母的错，所以不要只会对自己犯的错发牢骚，从错误中去学习。

　　⑦在你出生前，你的父母并不像现在这般无趣，他们变成这样是因为忙着支付你的开销，洗你的衣服，听你吹嘘自己有多了不起，所以在你拯救被父母这代人破坏的热带雨林前，先整理一下自己的房间吧。

　　⑧在学校里可能有赢家和输家，在人生中却还言之过早，学校可能会不断给你机会找到正确的答案，真实人生中却完全不是这么回事。

　　⑨人生不是学期制，人生没有寒假，没有哪个雇主有兴趣协助你寻找自我，请用自己的空暇做这件事吧。

　　⑩电视上演的并不是真实的人生，真实人生中每个人都要离开咖啡厅去上班。

　　怎么样，是不是可以作为职场人士的金玉良言？

　　好了，抛开种种不良的个人情绪，摆正自己的位置，放手干吧！

第 **2** 堂课

资本准则

——做事先做人

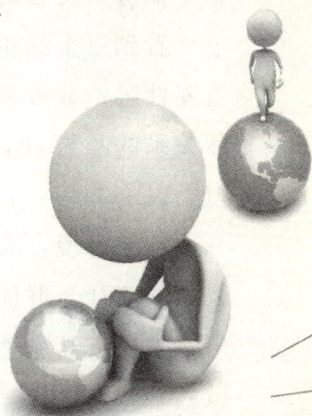

美国著名卡耐基基金会对1万名被公司辞退的员工作调查，结果发现：在这1万名被辞退的人中，仅仅只有不到1000名是因为工作技能达不到公司要求而被辞退的，而剩下9000多人是因为不善于处理人际关系，因而不能很好地完成自己的工作而被辞退。

此后，卡耐基基金会就"成功"这一主题进行研究，结果发现，一个成功的人，专业技能对他的帮助只占15%左右，而85%来自于他与人交往的能力。

看到以上结论，你有什么感想，你能够感受到人际关系处理的重要性吗？或许你从没有意识到，或许你已慢慢感受到妥善处理人际关系的重要性以及因为自己不太善于处理人际关系而带来的压力了。

马克思说：人是社会的人，社会是人的社会。换句话说：人不应该脱离社会群体而存在，人应当融入社会。

柏杨在其名著《丑陋的中国人》中谈道："在中国做事容易，做人难。'做人'就是软体文化，各位在国外住久了，回国之后就会体会到这句话的压力。"

1克忠诚胜过1000克智慧

我的人生正面临一次严峻的考验，但一种军人的荣誉感充满我的胸膛，已经无法容纳任何的犹豫和疑问。服从命令是军人的天职。军人的命运掌握在国家的手中，但他的名誉却属于自己。生命可以牺牲，荣誉却不能失去。

——《把信送给加西亚》

前两年有一本风靡全球的书——《把信送给加西亚》，引起了世人的广泛关注，书中叙述了一个名叫罗文的中尉军官，对祖国和人民怀有极高的忠诚，历经艰难险阻，终于把信准时送交给加西亚将军，出色地完成上级所交付的艰巨任务。

忠诚对于一个企业来说，似乎是一个道德难题。当整个世界都在谈论着"变化、创新、实惠"等时髦概念，道德水准日益下降的今天，"忠诚"是不是变成了一个不合时宜的字眼呢？

◎ 让诚信成为你的口碑

他，曾经是某国企材料科科长，每天小日子过得舒服极了。

37 岁那年，他毅然辞去公职，去南方播种希望，他要换一种活法。

他的第一份工作是扛大包，第一个月挣了 300 元钱。这点儿钱连每天买盒饭都不够，更别说寄给妻子和女儿了，但他挺过来了。

之后，他进了工厂。半年后，他当上了组长。一年零两个月，他当上了部门主管。第二年年底，他成了副总经理兼总经理特别助理。

为了做好工作，他成天耗在车间里，别人都下班很久了，他还在琢磨如何进一步提高生产效率。

总经理后来这样评价他："你成长的道路上洒满汗水甚至血迹。我至今都很感动，也有些不明白：你怎么可以负重弯下腰艰难地将脚下的一个并不起眼的小零件拾起来？你的同事无一例外地踩着过去，没人停步。你又怎么可以面对桌上的数万元现金视而不见，而为一个饭盒去和档主讨价还价半个小时……你从到我这来的第一天起，就把自己当成工厂的主人，默默地做着一切，包括不属于你分内的事情！这样的人，我当然要用！"

两年后的一天，他向总经理正式递交辞职报告。因为他有了第一笔原始积累——8 万元。他不再满足在工厂当副手，因为他知道自己可以干更大的事业。

总经理盯着他看了一会儿，说："你可以提一个要求，无论什么要求，我都答应你。"

他略加迟疑，说："我想向你借100万。"

总经理眉头一挑，说："让我想想。"

第二天，他收拾好所有的行李，然后去向总经理辞行。

到了总经理空无一人的办公室，他看见大办公桌上放着一个密码箱，箱上放着一张字条："把密码箱带走，里面有我借给你的100万元，你不用给我打借条。我知道小塘养不了大鱼，你走是早晚的事。我不来跟你告别了。你知道不知道，你的诚实打动了我……"

那一刻，他掉泪了。直到今天，说起这事，他还是忍不住落泪……

从那天起，他深深地感受到做人的重要，也从此明白口碑如同人的旗帜，走到哪里就一定要扛到哪里。他对自己说：我要像爱护自己的生命一样守护自己的口碑，以诚待天下。

商海几度浮沉，最终他以开汽车美容连锁店赢得了一片天空。他用诚信赢得了口碑，许多顾客专门找他护理汽车。如今，他在广州有两家汽车美容旗舰店，并在老家及其他地方陆续开起了自己的连锁店。

回首商界十几年，他感慨地说："诚信带来口碑，口碑如同旗帜，人活在世界上，就应该有自己的旗帜！"

因为敬业、专业，更因为诚信的品格，他由一名打工仔变成了老板。因此，我们可以说他用才，还有超人的德，获取了理所应得的利与名。

一个人要为人忠诚，首先他必须是个诚信的人。忠诚来源于诚信，而在某种程度上高于诚信。一个没有诚信的人，何谈忠诚。

因为文化差异的不同，国外公司多强调职员的诚信，而国内公司往往更喜欢用忠诚来评估员工。

谈到诚信，先后在诺基亚（中国）有限责任公司和BP（中国）投资有限公司担任人力资源部经理的刘大维说："在外企环境工作中，如果你让公司察觉到你的诚信有问题，那么公司给你的惩罚是非常严重的。晋升？想都不要想！"

许多外企担心中国员工有诚信问题，因此他们在招聘中国员工时，第一个步骤就是通过各种考量手段来"检测"你是否是一个诚信的员工。

◎ 1 克忠诚胜过 1000 克智慧

南京某公司招聘设计师时，对前来面试的应聘者提出的问题一律是：说一说三国关羽的故事。

后来有记者就此事采访该公司经理，该公司经理说，他从小就喜欢读《三国演义》，尤其崇拜关羽，关羽代表忠诚，现代社会的企业员工也要学习关羽。因此，他们此次招聘出此一题，是想先期考察员工的忠诚。

"员工们的频繁跳槽对公司的影响太大了，我们公司还是小企业，在刚开始发展时不能因为员工跳槽问题带来混乱，所以在选择员工时第一要求就是忠诚。"该公司经理最后说。

不管上面案例中老板考察未来员工是否忠诚的方法是否妥当，我们应当看到，老板喜欢用"忠诚"二字来要求自己的员工。

说到忠诚，有人可能会说：什么忠诚？这年头，你讲忠诚，等公司要辞退你时，对你忠诚吗？

在回答这个问题之前，我们先对"忠诚"这个词进行一下定义。

"忠诚"的本义是忠诚无私、尽心竭力。可以应用于个人与集体之间：忠于祖国，忠于人民，忠于组织；可以应用于夫妻之间：相敬如宾，忠于对方；可以应用于朋友之间：诚挚待人，互相做忠实的朋友；甚至可以应用于陌生人之间，受人之托，忠人之事……

然而，封建社会时代，历代皇帝及其御用文人们偷换了"忠"字的概念，把对人对事尽心尽意的泛指的"忠"，变质为对皇帝一人无条件绝对服从的特指的"忠"；把理性之忠变质为愚蠢之忠。

因此，员工发现自身的优势，选择与自己价值观和事业相一致的企业，在岗位上努力工作，不断创新，尽心尽力追求属于企业、同时也属于自己的目标，这是员工对企业的忠诚。如果企业没有为你提供必要的培训，没有提供公正的薪金福利待遇，没有提供合适的用武之地和发展空间，那你可诚实地向企业报告，提出辞呈，这也是员工对于企业的忠诚。

许多人力资源负责人谈到，在员工招聘时，洞察应聘者的忠诚度是他们录用人才的一个重要标准。

"动不动就跳槽的人，我们绝对不要，因为企业培养一个员工是要付出成本的，好不容易培养出来了，上手了，结果就跑掉了，对公司伤害很大。其实这对他自己伤害也很大！"国内某著名企业人事总监阚先生说。

"许多员工觉得自己能力很强，为此总认为应该得到公司重用。要知道，能力不等于信任（其人品还有待我进一步观察呢）！"某公司老板这样说。

因此，从我们个人角度来说，忠诚于公司，好处多多。

①赢得老板：老员工更容易得到上司的信任，有更大的发挥空间。

②积累业绩：业绩需要时间来创造，频繁跳槽不利于个人才能的充分发挥。

③降低风险：跳槽的成本很高，除了金钱损失之外，还有对新工作心理上的适应成本，而且新工作未必一定比原来的好。

④建立口碑：忠诚的员工得到人们的尊重，当你积累到一定程度时，忠诚的口碑会给你带来无穷的机会。

作为员工，忠诚体现在三个层面：对公司忠诚，对团队忠诚，对领导人忠诚。

其一，尽职尽责地做好本职工作。

其二，无论现在在公司，还是以后离开公司，不得向外界透露公司机密。

其三，不能利用工作之便"干私活"。

其四，离开公司时，遵守竞业禁止规定或协议。

其五，离开公司时，不带走公司客户。

如果说智慧和勤奋像金子一样珍贵的话，那么还有一种东西更为珍贵，那就是忠诚。

在这个诚信严重缺乏的时代，1 克忠诚胜过 1000 克智慧！

没有责任，我们还剩下什么

2004 年 2 月 15 日，吉林市中百商厦发生特大火灾，造成 54 人死亡，70 余人受伤，经济损失难以估量。

事后查明原因有三：一是火灾是由中百商厦雇员于洪新在仓库吸烟所引发；二是在此之前，中百商厦未能及时整改火灾隐患，消防安全措施也没有得到落实；三是火灾发生当天，值班人员又擅自离岗，致使民众未能及时疏散，最终酿成了悲剧。

而这三方面无一不涉及员工责任心问题。

库管员于洪新事后忏悔："我不小心把烟头丢在仓库里，没有踩灭。谁知就这么一个小烟头，惹了这么大的祸。如果世界上有后悔药，就是用我的命去换，我也愿意！"

中百商厦事后说："我们正准备加强安全防范，哪知这两天就出事了！"

而值班人员也说："我就离开一会儿，哪知这么巧就出事了呢？"

每年，我国因为责任心缺失导致火灾、交通、医疗事故等造成的损失都在数千亿元，给国家、组织、个人带来了难以弥补的损失。

一个没有责任心的官员，对国家是一种灾难！

一个没有责任心的员工，对组织是一种灾难！

一个没有责任心的家长，对家庭是一种灾难！

◎ 明白你的岗位职责

有一位学管理的大学生临近毕业，给一家知名企业发出求职信，要求应聘其人事助理一职。该生泛泛地提了一下自己的专业情况，然后大谈特谈自己的兴趣爱好广泛，尤其对电脑维护、网络调试无师自通，被同学尊称为"网通"，因此如果该单位录用他，他将大力辅助公司进行电脑及网络维护。

函件发出之后，如石沉大海，杳无消息。

两周后，他给该企业打电话询问自己的求职事项。

"你是陈先生？求职信我们已经收到，但问题是我们要招聘的是人事助理，不是网络管理人员，而从您的求职信中看不出您在专业方面的水准，因此很抱歉，我们不能录用您！"

许多新人在撰写求职简历时，对自己的专业特长"惜墨如金"，但对其他一些事项却"泼墨如云"，极尽描写之能事，如爱好什么文学、艺术、体育等。

试问，这位大学生对自己专业能力的介绍不"集中火力"，而对"旁门左道"极尽渲染，这只能给人一个印象：你的专业基础或专业能力很差！

再者，这位大学生被同学们称为"网通"，但他求职的单位是一家知名企业，想必其网络管理人员也很专业，哪有他的用武之地？

要知道，公司每招聘一个人，都有其明确的目的，即希望在所招聘的岗位上发挥你的能力，为公司创造价值。否则，公司要你何用？

至于你有些"歪才"，并能在公司发挥一二，那未尝不可，但有一点我们必须明白，即我们必须首先做好自己的本职工作，否则，再多的"歪才"也是白搭。

随着国内人事制度的规范，越来越多的企事业单位都有其岗位说明书和绩效考核标准，前者告知你的本职工作是什么，后者告知如何对你的工作绩效进行考核。从进公司的第一天起，你就应该明白自己的岗位职责及考核标准。对于二者没有明确规定的公司，应该与上司或公司相关负责人进行认真沟通，把握工作的条条框框及大致要求，以利于开展自己的工作。

◎ 将职责执行到底

某五星级饭店的一位值班经理，一天早晨，上班时还未吃早饭，便外出买一份早点。

就在她外出的 15 分钟内，一个国际长途打来要与她的饭店预订住房用来召开一项国际会议。

客户在 10 分钟内间隔 3 分钟打了两次电话，都没有人接听，客户便认定这家五星级饭店名不副实，于是把会议住宿合同转给了该五星级饭店对面的一家四星级饭店。

后者正是前者直接的竞争对手，而客户一打电话给后者，马上便被接通了。

因为值班经理没有坚守自己的岗位，金乌龟钻进自己的家门后又溜走了。

K 公司的人事助理方鸣给 L 公司的王总经理发送一封电子邀请函，邀请他参加一个重要会议。

他连发几次，但都被退回，于是打电话给王总经理的秘书，秘书告之曰邮箱满了。

可四天过去了，还是发不过去。

于是他再打电话过去问，那位秘书幽幽地说：邮箱是满的！

试想，不知这四天之内该有多少邮件遭到了被退回的厄运？而这众多被退回的邮件当中谁敢说没有重要的内容？如果那位秘书能考虑这一点，恐怕就不会让邮箱一直满着。作为秘书，每日查看、清理邮箱，是最起码的职责，而这位秘书显然责任心不够。

规模较大、经营比较规范的公司，一般来说，每个人都有其岗位职责说明书。但是，岗位职责说明书往往是规定大的方向，很难具体到每一个细节，而需要责任心的地方，往往是那些看似无大碍的小节之处。

一屋子人在聊天，处理顾客投诉的电话铃声此起彼伏，可就是没人接听。

问之，则曰："还没到上班时间。"

再看墙上的时钟，离上班时间仅差一两分钟。

这样的故事无独有偶。

某些公司客户服务部门的员工讲述自己部门的秘诀："五点半下班时得赶紧跑，不然慢了，遇到顾客投诉就麻烦了——耽误回家。即使有电话也不要轻易接，接了就很可能成了烫手的山芋。"

您是不是这样的员工中的一名呢？

这些问题看起来是微不足道的小事，但恰恰反映了员工的责任心，而正是这些看似细小的事，却关系着企业的信誉、效益、发展，甚至生存。

最后我们来看一个韩国人的例子。

中国的一个代表团到韩国进行商务洽谈。

由于代表团车队的先导车开得较快，后面的车掉队了。为了等待后续车辆，暂停在了高速公路的临时停车带。

几分钟后，一对驾驶现代跑车的年轻夫妇停靠过来。

"请问你们的车辆是否出了什么问题，是否需要我们的帮忙？"年轻夫妇关切地问道。

"喔，没有什么问题，谢谢！我们在等我们后面的车！"

"喔，我们还以为除了什么问题呢，OK，再见！"年轻夫妇准备离去。

"请问你们是……"

"我是现代汽车集团的职员，而你们驾驶的正好是我们现代集团生产的车！"男士一边说，一边驱车挥手离去。

韩国近十多年来在亚洲崛起，出现了像三星电子、现代汽车、LG家电、SK通讯等著名国际性企业，在亚洲出现阵阵"韩流"，或许从上面这个小故事我们可以窥见一二。

作为一个有责任心的员工，其应该表现为：

其一，有强烈的使命感，把公司的事当作自己个人的事。

其二，当个人事情与公司事情发生冲突时，毫不犹豫以公司事情为重。

其三，具有团队精神，不能出于个人之利而影响团队协作。

其四，认真依照岗位工作职责书开展自己的工作，不折不扣地完成工作任务。

其五，在完成自己本职工作的基础上，力所能及地帮助公司其他员工完成其工作。

其六，注意自己的一言一行，勿以恶小而为之。

而一个缺乏责任心的人，就会出现如下情况：

①偏离目标：没有做正确的事情。

②循规蹈矩：只知道服从上级指令。

③浅尝辄止：凡事只做到最低标准。

④遇事拖延：在等待中完成工作。

⑤眼高手低：不能扎扎实实地做事。

⑥投机取巧：不愿意付出相应努力。

⑦应付了事：工作做的差不多就行。

⑧马虎了事：做事不能精益求精。

⑨虎头蛇尾：没有一件事情能做完。

⑩推卸责任：为自己的失职找借口。

◎ 出现问题决不可相互推诿

阿傻、阿呆、阿笨这 3 只饥寒交迫的老鼠一起去偷油。经研究，它们决定采用叠罗汉的方式，轮流喝油。

当他们好不容易叠好罗汉，胜利在望时，油瓶突然倒了。巨大的响声惊醒了主人，它们只好落荒而逃。

回到鼠洞后，它们开会检讨这次偷油失败的原因。

最上面的阿傻说："因为下面的阿呆抖动了一下，所以我不小心碰倒了油瓶。"

中间的阿呆说："我感觉到下面的阿笨抽搐了一下，于是我抖动了一下。"

而最下面的阿笨说："我隐约听见有猫的叫声，所以抖动了一下。"

喔，原来谁都没有责任。

绝大多数时候，一项工作是由几个人或者说是全公司所有人协同完成，而不是由某个人单独完成。这样一来，就会常常出现这种情况，有了功劳大家一起嚷嚷，希望被记上一笔，出了问题都不吭气，找个机会溜之大吉。

在公司的年度会议上，我们经常可以听到类似的推诿。营销部经理说："最近销售不理想，我们得负一定的责任，但主要原因在于对手推出的新产品比我们的产品更好。"

研发经理认真总结道："最近推出新产品少是由于研发预算少。大家都知道，原本可怜的研发预算还被财务部门削减了。"

财务经理马上接着解释："公司成本在上升，所以我们能节约就节约。"

……

这样的情景经常在不同企业上演着。最后，问题只有不了了之。

①停止是非之辩：为了面子、地位，当心一旦让步会令自己吃亏等诸多原因，许多职员在工作出现失误后，不是坐下来寻求问题的解决办法，而是站起来相互推诿、指责，甚至大吵大闹、拳脚相向。他们不把同事当同事，不把工作当工作，而只考虑一己私利。一个有责任心的人，一个有胸怀的人，不管问题是什么，只要发现问题，应该首先说：对不起，这是我的错！

②找出问题的根本及解决办法：在停止是非之辨后，接下来应该心平气和地讨论问题究竟出现在哪里，并拿出解决办法，执行下去（如甲负责解决这部分问题，乙负责那部分问题，丙负责解决最后一部分问题等）。

③即刻行动：马上开始解决，绝不拖延，如一时无条件解决的，改换解决策略或确定什么时间解决。

同理之心，换位思考

如果成功有秘诀的话，那就是站在对方立场来考虑问题。能够站在对方的立场，了解对方心情的人，不必担心自己的前途。

——［美］亨利·福特

在生活、工作中，有许多人总是只考虑自己的利益，总认为自己有理，从不站在别人的角度思考，结果往往是公说公有理，婆说婆有理，终至不欢而散。

实际上，很多时候，那些你不明白，不理解，甚至愤懑的事情，如果你换一种思维，站在老板、上司、同事的角度，你会发现：一切都合情合理，一切都顺理成章。

◎ 少一些自私，多一些无私

两中年妇女聊天。其中一个问道："听说你儿子结婚了，儿媳妇还顺心吧？"

"别提了！"妇人满脸凄苦："他娶了个懒婆娘，不烧饭、不扫地、不洗衣服，一天到晚都睡不醒，我儿子还得把早餐端到她的床上呢！"

"那你女儿呢？"

"她可就好命了！"妇人满脸笑容："她也不知是哪辈子修来的福分，嫁了一个很不错的老公，啥事都不用她操心，煮饭、洗衣、扫地、带孩子全部都由女婿一手包办，而且每天早上做好了早点才叫我女儿起床呢！"

生活中有三类人：一类人是宁愿让自己吃点亏，图个心里踏实；一类人既不想自己吃亏，也不愿意他人吃亏；第三类人生怕自己吃亏，而且还总想占别人的便宜。

第一类人值得赞扬，第二类人无可厚非，第三类人最为可恶，因为他们时刻在算计自己，算计他人。第三类人总是指责别人有问题，从不换个角度，站在他人的角度思考自己的毛病在哪里。这类人是消极的，因为积极的人总是寻找自己的毛病在哪里，并力图完善自己；消极的人总是找出别人的问题在哪里，并因此而洋洋得意。这类人走到那里，臭到那里，他们是人生孤独的旅行者。

如果你总是和周围的大多数人有某些隔阂，你应该问问自己，你属于第三类人吗？

◎ 少一些冲动，多一些了解

"彼得，彼得！"因风雪交加封路而一夜未归的汤姆急匆匆地跳下车，向屋内冲去，一边跑一边呼唤自己孩子的名字，但却没有人回应。

他冲进卧室一看，发觉床上是空的：彼得不见了！

再来到后院，发觉自己爱护有加的狼狗海力斯正趴在地上，脖子上，嘴里全是血。

汤姆脑袋"嗡"地一下，明白了：自己一夜未归，海力斯因饥饿而吃掉了彼得！

待汤姆从晕眩中回过神来，他怒不可遏，从屋里抄出猎枪，对准海力斯一顿猛射。

"哇，哇……"只听见有小孩的哭声从离海力斯不远的柴堆传出来。

汤姆突然一惊，循着哭声跑过去。

扒开柴堆一看，是彼得：全身沾满了土屑，棉袄的肩膀好像被什么东西咬过而撕破了。

汤姆大惊。

再转到院子侧面，发觉有一只健硕的狼，倒在血泊之中，嘴里叼着动物的半截腿。

汤姆再转回到海力斯身边，发觉血泊中的海力斯，左后腿下部没有了。

狼犬海力斯为了救助主人的小孩，全力与觅食的狼拼搏将其咬死，并因此失去了自己的后腿。主人汤姆没弄清事实真相，一时冲动而将舍命救助自己孩子的海力斯射杀了。悲哉！

在工作和生活中，因为一时的误解而造成隔阂乃至悲剧的例子，比比皆是。

你觉得老板、上司、同事对你的态度让你不满、郁闷时，你有没有仔细想，是不是我弄错了？

◎ 少一些感性，多一些理性

李诚就职于一家事业单位从事建筑设计工作，工作中他认真负责，可很少与同事交流。

有一次，他利用双休日来到公司，将已经拟定并得到客户认可的设计方案自作主张地做了修改。

"有没有搞错！我已将方案交给了客户，客户那边已经讨论通过，这周就开始实施方案了，时间本来就很紧了，现在还得花时间将设计方案改回来。真是没事找事！"设计部主任童天明大怒。

连续几个晚上，同事们全部陪着他加班修复设计图，事情才算完结。

"我错了吗，我错在哪里啊？"面对主任的批评，李诚在心里大声抗争。

从此，同科室的同事出差时请他代收个包裹，或职称考试时求他代个班，他都不愿意。

"我才懒得管那些闲事呢，好心又得不到好报！"有人没人，李诚都这样自言自语。

不久后，他便成了孤家寡人，食堂的餐桌上，经常是他一个人孤零零地闷着吃。

每个人的性格不同，做事的风格不同，看问题的角度不同，因此对同样一件事，会有不同的看法。西方有谚语说：自己的美味，对于别人可能就是毒药。

因此，涉及他人的事，不要一厢情愿，一意孤行，而应该换一个角度想想：同样一件事，如果换成别人会怎样想，怎样做。否则，你有可能制造被他人误解的情形，好心却办了坏事。

◎ 少一些争论，多一些宽容

陈美和小刘是同事。有一次，因为工作的事，陈美认为是小刘在上司面前打了她的小报告而导致上司批评了她，为此陈美私下里从来不和小谢说话，尽管小刘有几次曾试图打破这种尴尬。

陈美的电脑不小心严重感染病毒，两年来积累的客户资料全部丢失。她知道小刘的电脑中有备份，但恰巧小刘正申请辞职，加上她不希望别人看自己的笑话，于是耗时几个晚上，自掏腰包请人恢复硬盘数据。

小刘是在一个周末离开公司的。就在她离开后的周一一大早上班，陈美在自己电脑键盘下，发觉压着一张光盘。

打开光盘盒，里面有一张小小的纸条："陈美你好！本打算周五下班时约你吃饭随便聊聊，结果等我把离职手续办完回到办公室时，发觉你已走了。光盘里是所有的旧的客户资料，以及我新搜集的一些客户资料，希望对你的工作有些帮助。望有空联系！不能做同事，也可以做朋友嘛！"

因为工作的小事，产生一点摩擦，为此耿耿于怀，"老死不相往来"，值得吗？

但工作中就是有这样一些人，他们太自尊抑或太自卑，他们太要强抑或太敏感……结果总是融不进同事里，自己很累，别人也很累。究其原因，是因为他们总认自己的"理"，缺少一份包容之心，因此很少站在他人的角度，换位思考。

《孟子》中写道："爱人者，人恒爱之；敬人者，人恒敬之"，《马太福音》中说："你们愿意别人怎样待你，你们也要怎样待人"，都是非常有道理的。

因此，要做一个善解人意，具有包容之心的人，要具有一定的心胸，不要总穿着厚厚的"防弹衣"，并时时向他人射出"利箭"。

管好你的嘴

"琳达，琳达，我的心肝！"露西从国外出差回来，刚一进房间，她和丈夫喂养的那只鹦鹉就对她一个劲地狂叫。

"翠贝卡，你怎么了，我几天不回来，就不认识我了，居然叫我琳达，还什么'心肝'？这么浑！"露西对鹦鹉说。

"琳达，琳达，我的心肝！"翠贝卡继续这样叫。

"莫名其妙！"露西转身走了。

晚上丈夫回来不久，电话铃声响起，露西拿起话筒。

"我，我是琳达，你好……"电话那头的声音显得有些语无伦次。

"琳达，琳达是谁？"挂上电话，露西审问丈夫。

"琳达，琳达，我的心肝！"还没等男主人回答，鹦鹉翠贝卡叫开了。

男主人趁妻子外出之机偷情，但却没有管好自己的嘴，每天在家里念叨外遇的名字，结果让鹦鹉泄了密。成语祸从口出意思是如果言语不慎，很容易招致灾祸，引发矛盾。因此，在工作中，一定要管好自己的嘴，别口无遮拦，惹祸上身。

◎ 沉默不是金，当说还必须说

小华是职场新人。为了赢得老同事的认同，他处处都非常低调：尊称同事们为"哥"、"姐"，抢着拖地抹桌子，帮同事们复印、传真、叫电话……

小华还有一大特点：别人高谈阔论时，除了微笑和"嗯"外，他很少插话，开会时大家各抒己见，但他"打死我也不说"。

"小华，你说说看！"开周会时，领导让他就工作的事情发表自己的意见。

"大家都说得很好，我没什么说的"，小华几次都这样说。

半年后，他被辞退，理由是他不善于人际沟通，对工作缺少自己的创意、想法。

中国成语有沉默是金！传承到现在，成了很多人处世的圭臬——用沉默化解一切。其实，这是对沉默是金的错误解读。沉默是金的真正含义是：凡事多考虑，谨言慎行，不该说话的时候不要说，而不是让人人嘴上贴一个封条，万缄其口。否则，人类失去沟通，世界将会怎样！

随着社会发展，含蓄内敛并不像原先那样受到褒扬。敢于表现自己，善于表达自己是当今社会新的价值取向。所以，沉默不是金，当说必须说。不在沉默中爆发，就会在沉默中灭亡。

◎ 负面话题要少说

戚戚是某名牌大学高材生，硕士毕业后找到了一份不错的工作：薪水高，还是部门主管。

有一次午餐，席间说到北京的交通问题，在北京土生土长的戚戚顺口发表评论："北京这几年交通恶化，实在是因为外地来的大学生太多，我认为应该好好严格户口制度，三流大学的家伙就不要给他们机会了。"

小张是从浙江到北京来发展的，闻言心里非常不爽。其实戚戚有口无心，他自己的女友还是从西安来的呢，戚戚已经到了和她谈婚论嫁的地步。

还有一次，戚戚看见秘书小刘在处理一叠报名表格，是一个普通大学办的 MBA 班的入学申请表，戚戚又没忍住，跟小刘搭讪起来："怎么，奋发图强呀？这种文凭不值钱的，要它干吗？别说中国的 MBA，现在欧美回来的 MBA 也不吃香了，花钱买来的，谁不知道啊！"

戚戚哪知道小刘是帮部门领导张总办入学手续。

这样的事情还很多。

结果上个月戚戚弄丢了客户资料，被老板狠狠批评了一顿。

走出老板办公室时，他四处寻找，却没有看见一个同情的眼神。

上厕所的时候，他听见老陈和小张在议论："整天说人家，我还以为他是不会犯错误的超人呢！"

"戚戚，要搞好同事关系哟，我听到很多你的负面消息！"有一天老板对他说。

戚戚说话大概是无心的，可是，别人却不一定爱听，也许戚戚没有恶意，但他却忽略了别人的自尊。

◎ "困难"话题这样说

"老板，老板！"新来的行政助理朱小妹冲进老板的办公室上气不接下气地嚷道。

"什么事把你慌成这个样子！"老板面露愠色，坐在离他不远的几位客人微笑不语。

"是这样的，是这样的！"朱小妹还在喘气。

"好了，好了，我知道了！"老板不快地说。

"你不知道，你不知道……"朱小妹准备把话说完。

"什么不知道！天塌下来了吗？死人了吗？你给我出去！"老板大吼一声。

朱小妹眼泪淌了下来，慢慢退出了老板的办公室。

有这样向老板报告的吗？何况还有外人在办公室！中国有一句古话：报喜不报忧。这句话从另外一个角度来说，就是说人都不喜欢听见与自己有关的负面消息，而是喜欢听见高兴的事。

那是不是坏消息就不报告了？非也！当说还必须说，只是要注意技巧。

除了坏消息外，工作中还有许多"非自然状态"的困难话题，那么该如何表达呢？

①以最婉约的方式传递坏消息——"我们似乎碰到一些状况。"

你刚刚得知一项非常重要的工作出了问题，如果你立刻冲到上司的办公室，慌张地报告这个坏消息，就算本不属于你的工作，也会让上司质疑你处理危机的能力。因此，应该以不带情绪的声调，从容不迫地说出问题，要让上司觉得事情并非无法解决，而"我们"将与上司站在同一战线，并肩作战。

②即刻应诺——"我马上处理！"

冷静、迅速地做出这样的回答，会令上司直觉地认为你是有效率的好部属；相反，犹豫不决的态度只会惹得上司不快。

③巧妙闪避你不知道的事——"让我再认真地想一想，4点以前给您答复好吗？"

上司突然问你某个与业务有关的问题，而你一时不知该如何作答，不可轻易地说"不知道"。告诉上司自己需要好好想想再答复他，这不仅能暂时为你解围，也让上司认为你对这件事情很用心。不过，事后可得做足功课，按时交出你的答复。

④承认过失但不引起上司不满——"是我一时不慎，不过幸好……"

犯错在所难免，但你陈述过失的方式却能影响上司对你的看法。勇于承认自己的过失非常重要，不过这不表示你需要向每个人道歉。应坦诚认错，但尽量淡化你的过失，有技巧地转移众人的焦点。记住，淡化不是推卸责任。

⑤面对批评要表现谦虚、冷静——"谢谢你告诉我，我会仔细考虑你的建议。"

自己的工作成果遭人批评，的确是一件令人苦恼的事。不过你不需要将不满的情绪挂在脸上，不卑不亢的表现会令你看起来更有自信。谦虚的表现让别人知道你并非一个刚愎自用的人，从而更加赢得别人的敬重。

⑥恰如其分地讨好——"我很想知道您对某件事情的看法。"

很多时候，你与高层人士共处一室，又不得不交流以避免尴尬的局面，但说些什么好呢？最恰当的莫过于聊一些与公司前景有关而又发人深省的话题。问一个高层领导关心又熟知的问题，在他滔滔不绝的时候，你不仅获益良多，也会让他对你的上进之心刮目相看。这是一个赢得高层青睐的绝佳时机。

⑦获得荣誉时别只顾着自己高兴——"这不是我一个人的功劳！"

如果你获得了一项较高荣誉，切记不要只顾着自己享受，而应与大家共分享。假如你说"这项荣誉不是我一个人的功劳，它离不开大家的共同努力和支持"，这会使大家对你更敬重，更佩服。

⑧对同事成功或失败表现出相应的祝贺或鼓励——"祝贺你！你真厉害！""没关系的！再接再厉！"

不管你的同事成功也好，失败也好，都不要表现得嫉妒、讥讽或者置之不理，那样别人会认为你冷酷无情。向同事表达出你的真挚祝贺或真心抚慰，会使别人心里觉得很舒坦，自觉或不自觉地增加对你的好感。

⑨表现出团队精神——"他/她的主意真不错！"

同事想出了一条连上司都赞赏的绝妙好计，你真恨不得自己的脑筋要比他动得快。这时与其拉长脸孔、暗自不爽，不如趁机沾他的光，必要时让上司听得到你说出的这句话。在这个人人都想争着出头的社会里，一个不妒忌同事的部属会让上司觉得此人富有团队精神而另眼相看。

⑩善于应对"长舌妇"的碎嘴——"这件事情嘛，我好像没有听别人说起过。"

公司内经常有一些人有事没事总喜欢飞短流长。如果你碰上这样的同事，切不可表现出过分冷淡或热情。你的反应应该是——"这件事情嘛，我好像没有听别人说起过！"

◎ 有效讲话的 3 个原则

两位"献了青春献终身，献了终身献子孙"的国企老技术骨干时临退休。他俩一位是技术能手，但从没获得过什么拿得上台面的荣誉；一位是技术标兵，曾多次荣获过各种"先进"的称号。领导决定召开全员为他们开一次欢送会。

欢送会上，领导和与会代表对他们多年来的人品与技术进行了热情洋溢的肯定和赞扬，会议热烈而融洽。最后是两位主人公的"临别感言"。曾多次荣获过各种"先进"称号的技术标兵先发言。

他热情洋溢，侃侃而谈，会场掌声雷动。接下来是从没获得过什么荣誉的"技术能手"发言："说到先进，很遗憾，我从来也没有得过一次……"一边说，"技术能手"一边若有所思。

话犹未竟，坐在他对面的、平日与他相处得不是很融洽的一位职工突然抢了话头："不，那是我们不好，不是您不够先进，是怪我们没有提您的名！"

会场即刻弥漫了某种不悦的尴尬气氛。

一位领导见势不对，马上接过话茬，想把气氛缓和一下。"先进不先进，其实是一个虚名，没有评过先进，并不等于不够先进，先进不仅在名义，更要看事实……"

技术能手的头更低了。技术标兵的脸成了猪肝色。会场一片骚动。

"技术能手"在他人好心好意为其办理的欢送会上理应说一些富有情感、不失其真、十分得体的人情话和好话，但他却在感言时进行毫无意义的比照，结果自取其辱。

接话的职工有失道德，为图己快，火上浇油。

领导人在关键时刻，没有立即避开这一敏感话题，还就此作了一番点评，结果让"技术能手"觉得更没面子，让"技术标兵"感觉自己徒有虚名。

从上面这个故事中，我们可以看出，要想有效说话，要遵循以下几点原则：

①场合原则：讲话首先要考虑场合。不同的场合，就必须讲不同的话，例如尽量不要当着上司的面议论同事的缺点。

②对象原则：同样的话，不同性别、年龄、地位、性格特点的人会有不同的解读，因此最终的效果就会不一样。有的人比较自负，听不得别人说不；有的人地位比较高，对"平起平坐"的同事能说的话就有可能让他觉得有损颜面。因此，针对不同的对象，说还是不说，如何说，都是你在开口前所必须考虑的。

③情绪原则：除了前面两个原则外，第三条原则是要察言观色，

观察他人的情绪。这种观察不仅要你开口前进行，而且要在你说话的过程中以及说话后都应注意。如果受话对象明显当前心情不佳，那就先说别的，套套近乎；如果对方开始时能接受你的谈话，但说着说着对方脸色就变了，就需要对你的话作些"修补"。

那种不分场合，不看对象，随心所欲，有口无心人，定会在人际交往中四处碰壁。

察言观色知人意

有一个占卜师的儿子不愿认真学习祖传下来的卜卦技巧，占卜师对此非常懊恼。

但他的儿子却很自负地说："卜卦是一件很简单的事，哪里需要学呢？"

有一天风雨交加，正巧有人前来问卜，父亲于是叫儿子出来解答。

儿子一脸从容，他对来人说："您是从北方来的吧？"

那人说："对！"

"您可是姓张？"

那人惊讶地说："您是怎么知道的？"

"您是为了妻儿的事来的吧？"

对方一脸佩服地说："对！对！"

客人走了之后，父亲非常惊讶——自己的儿子居然能未卜先知！

儿子轻松地说道："今天刮北风又下了一场大雨，那人的肩和背都打湿了，因此我判断他是从北方来的；他的伞上刻有阳谷郡，那里的人都姓张；冒着大雨赶来这里，不是为了妻儿，难道还会为了别人吗？"

世界上哪有未卜先知这一说，都是那些占卜者通过求助者的言谈、举止、相貌、穿着等各种线索而进行推断。占卜师的儿子就懂得这个道理，并通过察言观色，从对方身上找到了答案。

1890 年，一位在中国生活了 22 年的美国传教士亚瑟·亨·史密斯写就了《中国人的性格》一书，轰动全球。在随后的一百多年时间里，它不仅影响了西方人、日本人的中国观，甚至对中国现代国民性反思思潮，也有很大影响。

在这本书中，他为中国人的性格归纳了 26 种特征，有褒有贬，并常能在同一问题上看到正反两方面的意义。

在该书第八章"拐弯抹角"中，他谈到：欧美人说话习惯直来直去，心里怎么想，嘴上就怎么说。但亚洲人，尤其是中国人，说话喜欢拐弯抹角，兜圈子，心里想的和嘴里说的往往不一样，因此让人费思量。

不单是这本书，在许多探讨中国国民素质与习性的书中，都会发觉类似的结论。

因此，要想在职场如鱼得水，光会看表象是不行的，还必须懂得察言观色，了解对方的真实心理，了解职场的潜规则。

◎ 透过眼神辨人心

虽然 Andy 进入职场只有两年多，但言谈举止已透露出白领女性的成熟。前年大学毕业的她被汕头某科技公司相中，担任采购部经理助理一职，职责是协助经理处理部门日常事务，有时还参与采购业务。

当初上班的第一天，经理教导她，办采购业务最关键的一项任务就是价格条件的谈判。接着又告诉她，职场中遇到很多问题，要懂得自己想办法去解决。半个小时后从经理办公室出来，Andy 感觉对于以后的工作开展已经有了眉目。但是当 Andy 回到自己的办公桌时，才发现她什么也不会，也不知道从哪里找工作来做。有一阵子，她都不知该从何做起。

后来 Andy 就想，不如站起来观察同事们是怎样工作的，向别人学习。于是她站起来静静地观察每个同事。从他们的一举一动以及与客户同事之间的对话沟通中，她对同事们的性格有了大概的了解，并大致知道怎样与客户沟通。

在以后的工作中，因为勤奋、踏实、善于察言观色，她很快由一个业务新手变成了谈判专家，并与每个同事都相处得很好。

有一次，在一场艰苦的谈判中，双方为价格问题熬了整整一下午而互不相让。

Andy 的上司最后作出了一点让步，当她的上司把价格报出来的那一刻，对方的眼神仿佛亮了一下，转瞬即消失了。Andy 捕捉到了这个信息。

"No，No，这与我们的要求差远了！"对方大声嚷嚷。

Andy 通过纸条把她捕捉到了的信息传达给了上司。一个小时后，他们以那个价格拿下了那批货。

Andy 深有感悟地说："许多职场新鲜人比较个性，我行我素，认为'察言观色'是庸俗哲学，没必要学习。我认为这种想法有失偏颇，理由有三：不察言观色如何了解上司、同事的个性秉性以及当下心情而应对；不察言观色如何向上司、同事'偷招'；不察言观色如何应对客户？"

从医学上来看，眼睛在人的五种感觉器官中是最敏锐的，大概占感觉领域的 70% 以上，因此，被称"五官之王"。

美国著名作家爱默生说："人的眼睛和舌头说的话一样多。不需要查字典，就能从眼睛的语言了解整个视界。"

由眼睛来观察人是非常有效的。因为人的语言、神情、动作都可以极力掩饰，而眼睛是无法假装的。

①眼神沉静：便可明白他对于你着急的问题，早已成竹在胸，定操胜算。只要向他请示办法，表示焦虑，如果他不肯明白说，这是因为事关机密，不必要多问，只静待他的发落便是。

②眼神散乱：便可明白他也是毫无办法，徒然着急是无用的，向他请示，也是无用的。你得平心静气，另想应付办法，不必再多问，这只会增加他六神无主的程度，这时是你显示能力的机会，快快自己去想办法吧！

③眼神上扬：便可明白他是不屑听你的话，无论你的理由如何

充分，你的说法如何巧妙，还是不会有高明的结果，不如戛然而止，退求其他接近之道。

④眼神似在发火：便可明白他此刻是怒火中烧，意气极盛，再逼紧一步，势必引起正面的剧烈冲突了，因此应中止你当前的举动。

⑤眼神恬静，面有笑意：你可明白他对于某事非常满意。你要讨他的欢喜，不妨多说几句恭维话，你要有所求，这也是个好机会，相信一定比平时更容易满足你的要求。

⑥眼神横射，仿佛有刺：便可明白他异常冷淡，如有请求，暂且不必向他陈说，应该从速借机退出，即使多逗留一会儿也是不合适的。

⑦眼神流动，异于平时：便可明白他是胸怀诡计，想给你苦头尝尝。这时应倍加小心，因为前后左右都可能是他安排的陷阱，一失足便跌翻在他的手里。

⑧眼神呆滞，嘴唇泛白：便可明白他对于当前的问题惶恐万状，尽管口中说不要紧，并还在想办法，但却一点也想不出来。这时不必再多问，应该退去考虑应付办法，如果你已有办法，应该向他提出，并表示有几成把握。

⑨眼神四射，神不守舍：便可明白他对于你的话已经感到厌倦，再说下去必无效果，因此应赶紧告一段落，或乘机告退，或者寻找新话题，谈谈他所愿意听的事。

⑩眼神下垂，连头都向下倾了：便可明白他是心有重忧，你只好说些安慰的话，并且从速告退，多说也是无趣的。

因此，眼睛是心灵的窗户，仔细参悟之后，必可发现人情毕露。

◎ 脸上的表情，内心的心情

春秋时期，梁惠王广招天下贤士以图霸业。有许多人向梁惠王推荐，淳于髡他有管、晏之才，为此梁惠王召见淳于髡。但前后两次召见，淳于髡都沉默不语，弄得梁惠王很尴尬，也大惑不解。

后来梁惠王派人打听其由。

"第一次我观察大王脸上有驱驰之色，可能想着围猎之类的事；

第二次我发觉大王脸上有享乐之色，可能想着声色之事，故我都没有言语！"

梁惠王听后，拊掌而叹曰："实乃高人也！"

不久，淳于髡便变为了梁惠王的得力谋士。

这是一个懂得观人颜面而知其心思的经典例子。

①蹙眉：表示关注、专注、不满、愤怒、挫折等情绪。

②扬眉张目：双眉上扬，眼睛睁大，表示惊讶。

③愉快时表情：嘴角向后扯，面颊上扬，眉毛平舒，眼睛变小。

④不愉快时表情：嘴角下垂，面颊下拉而细长，眉毛紧缩成倒"八"字。

怪不得法国著名画家狄德罗在他的《绘画论》里写道："一个人心灵的每一活动都表现在他的脸上，并且刻画得很清晰。"许多人喜怒不形于色，其目的是不想让人看出其内心的真实想法。

1973年，美国心理学家拜亚做了一项实验。他让人表现愤怒、悲伤、恐怖、漠然、引诱、幸福6种表情，再将这些录制的表情放映给观众看，让观众猜测各种表情代表的内心感情。结果对这些表情所表达的情感，观众猜对的不到1/3。由此可见，一个人的表情有时候是当事人心情的真实体现，有时可能正好相反。所以，光懂得观察还不够，还要结合其他身体语言判断一个人是否伪饰其情感。

没表情不等于没感情。有些职员不满主管的言行，只是敢怒不敢言，只好装出一副无表情的样子，但其实他内心的不满很强烈。如果这时仔细观察他，会发现他的脸色不对劲。这种时候也不宜说话过多，否则你可能就成了出气筒。

悲哀或憎恨至极点时也会微笑。通常人们说脸上在笑，心里在哭的正是这种类型。人们之所以要这样做，是觉得如果将自己内心的欲望或想法毫无保留地表现出来，无异于违反社会的规则，甚至成为大众指责的罪魁祸首，所以不得已而为之。

因此，满天乌云不见得就会下雨，笑着的人未必就是高兴。很多时候，人们把苦水往肚里咽着，脸上却是一副甜甜的样子；而脸拉沉下来时，说不定心里在笑呢。

◎ 善于捕捉"弦外之音"

春秋时期郑国杰出的相国子产有一次外巡，突然听见山那边传来妇女的悲恸哭声。

随从们侍立两旁，准备听候他救助的命令。

不料子产命令随从将那哭泣的女子立即拘捕。

随从们大惑，但遵从命令将该女子绑至他的面前。

经审问，该女子与人通奸，害死了丈夫。

"该女子哭声似悲，但无哀恸之情，而显恐惧之意，故我疑其中有诈。果不其然！"子产在判处了该女子后对随从说。

察言观色，要会捕捉其弦外之音，了解表象背后的真实情感。

①话题：年轻的男同事们最爱谈论的话题是汽车，如车的品牌、配置、性能等，虽然他们中的大多数人都暂时买不起车。其实，他们那么热衷于车的话题，无非在表示自己将来有能力购车。

②措辞：常说"我"的人，独立性和自主性强，常用"我们"的人多缺乏个性，埋没于集体中。有些人说话总是使用难懂的词让人感到困惑，其实，这种人多是将词语作为掩饰自己内心弱点的盾牌。这种情形常常不过是反证了其自卑的一面，为此用词语作为掩饰。

③语速：如果心怀不满，或者持有敌意态度时，说话速度大都变得迟缓；如果有愧于心或者说谎时，说话的速度自然就会快起来。

④语调：当两个人意见相左时，一个人提高说话的音调，表示他想压倒对方。

⑤倾听：如果一个人很认真地听别人说话，他大致会正襟危坐，眼睛也一直看着对方。反之，他的视线必然会散乱，身体也可能在倾斜或乱动，这是他心情厌烦的表现。

满足人性的渴望

> 人类本质中最殷切的需求是：渴望得到他人的肯定。
>
> ——［美］威廉·詹姆斯

人性最本质的渴望是什么？才能，品德，外貌，财富，名誉，情感……是，也不是。说是，因为这六者是人的生存资本与追求之所在；说不是，是因为这六者其实可归结为一点，即希望得到别人的认可，肯定自己的才、德、貌、钱、名、情。这就是人性的渴望！

人生在世，应该研究人性、理解人性、尊重人性、顺应人性、利用人性，这样，你将会在这个世界上如鱼得水。

◎ 利、名、情，你侵犯了对方的哪一点

"晓莉，我明天准备提出辞职！"高峰那天下班回来对女友说。

"为什么？你不是在那做得挺顺手的吗？"女友大惑。

"工作是没问题，老板也挺满意，但他们没有兑现所当初所承诺的条件！"高峰倒在床上，仰望着天花板说。

"什么条件，不是让你全权负责吗？"女友问道。

"原来承诺的是我全面负责书籍的编撰以及与出版社合同的签订，并承诺给我出版收入的 10% 作为酬劳。而现在，他们没经我同意，自己与出版社按版税制签订了协议！"高峰愤愤不平。

"你不是说过，一般版税制比较合算吗？"女友盯着他问。

"这你就不懂了。按版税制，每本书的收入相对稿酬是要多一些，但问题是版税制的结算时间比较长，每本书具体收入的多少要看最终该书的销售量而定。我哪天说不干了，如何与老板结算那些余款？而稿酬是一锤子买卖，我该得多少明明白白。两鸟在林，不如一鸟在手啊！"高峰回答说。

由于高峰感到个人利益受到损害，因此置公司整体利益于不顾。

为了生存，人对利的追求孜孜不倦。为了利，有的人可以抛弃

一切。"人为财死，鸟为食亡"、"有钱能使鬼推磨"等类似的不可胜数的俗语，深刻地表达了人对利的追求。

郝总是整个公司首屈一指的计算机科研人员，但却算不上一个好领导：脾气暴躁，刚愎自用。他所领导的科研小组没有一个人能够忍受他的性格，为此F公司决定把他从部门领导位置撤下来。但这是个非常棘手的事情，闹不好他会指着董事长的鼻子骂娘！

经过反复思考，公司决定不要激怒这位不可或缺并且极其敏感的人物，于是为他安置了一个新头衔——公司技术总监。其工作内容和以往类似，不同的是部门领导的工作由其他人接替。

郝总非常高兴地接受了公司的安排。

削除了郝总的权力，但让他继续从事他所热爱的科研工作，并保留他的名分，郝总依然是"好总"。

周一一上班，公司人力资源总监吴总在自己的办公桌上发现一张折着的打印纸。他打开一看，原来是公司老员工刘佳的辞职信：

"尊敬的吴总，您好！我准备离开公司了，尽管这对我很痛苦。但一个多月来的思考，让我下了决心。这里有我的汗水，也有我的泪水；公司给了我不少教训，也给了我不少成长的机会。为什么离开，我自己似乎也说不清楚。为了高薪的诱惑？不是！为了升到某个职位？也不是！我只是感觉自去年下半年以来，公司管理混乱，人心浮动，相互猜忌，各自为政。而且这种状况有愈演愈烈之势。尽管我知道公司就是公司，不能当作'家'，但我感觉心很累，这种累不是来自工作，而是人与人之间……"

不为利，不为名，只是因为情感没有一个歇脚处，刘佳选择了辞职。

因此，无论是作为管理者，还是普通员工，当同事与我们产生不快、矛盾、隔阂时，你应当明白，肯定是你让对方觉得你侵犯了他（她）的利、名、情之一。

分析一下吧，如果你确实侵犯了对方，一定想办法弥补；如果你觉得不是（而是对方自己的问题），那就进行深入沟通，让对方明白问题所在。

◎ 满足人性的诸多技巧

南朝时，齐高帝经常与当时的书法家王僧虔一起研习书法。

有一次，高帝突然问王僧虔说："你和我谁的字更好？"。

这问题比较难回答，说高帝的字比自己的好，是违心之言；说高帝的字不如自己，又会使高帝的面子搁不住，弄不好还会将君臣之间的关系弄得很糟糕。

王僧虔的回答很巧妙："我的字臣中最好，您的字君中最好。"

高帝听后，哈哈大笑。

由于中国是个重农社会，商业在中国历史上一直不被重视，甚至很多时候被敌视，因此，国民对利益的追求往往是在桌子底下进行，而不愿摆到台面上进行谈论。什么"君子不言利"、"君子喻于义，小人喻于利"等，都反映了中国人对利的尴尬情结。

而在另一方面，中国几千年来的封建帝制使得人不能作为一个独立的主体出现，社会大众在情感上压抑很深，唯恐招致灾祸。

既无利，又无情，那中国人追求什么？那就只剩下名了。而名往往要靠利与情来支撑，无利无情，名也会退化。退化成什么？虚无的面子！

是人都要面子，但对比欧美人来说，中国人对面子情有独钟。

林语堂在他的名著《吾国与吾民》中谈到，"面子"是统治中国的三位女神中最有力量的一个，中国人正是为它而活。柏杨在《丑陋的中国人》中谈到，中国人非常看重"面子"而忽视"里子"。前面章节中我提到的亚瑟·亨·史密斯在其《中国人的性格》一书中，开篇即把"保全面子"作为中国人的主要特性之一。

"就算给个面子嘛"、"这么不给面子"、"不看僧面看佛面"等，这样的话总在我们周围不绝于耳。

因此，与中国人交往，切切要记住一点：中国人的面子大于天！如果你毁了他（她）的面子，后果堪忧啊。

如何给对方面子呢？

①真诚地赞美别人：记住，人人都是"戴高乐"！多多挖掘别人的优点，适时、"准确地"地给予赞扬。当然，理当批评对方的时候，最好采用一定的技巧，例如先称赞对方做得好的地方，然后用"不过，如果……"进行转折。

②不要吝啬你的微笑：暴风骤雨让人不寒而栗，拉着一张脸让人心情压抑。微笑吧，没有人欠你什么；微笑吧，因为"笑一笑，十年少"。

③认真倾听他人的谈话：无论是谈工作，还是就自己某个感兴趣或引以为自豪的话题与你谈论时，一定要认真倾听，适时给予配合，并发表一致的看法。不要在别人与你交谈时心不在焉，更不要左顾右盼，除非你确实不想听对方的谈话，有意不给对方面子。

当然，保全别人面子的方法还有很多，你还可以自行挖掘。

除了保全别人的面子，还可在"情"字上多多做些文章：

④真诚地关心他人：要想打动他人，请你感同身受，真心关心他人快乐与痛苦，尽管这只是一种情感上的支持，也会使对方感动。何况，"投之以桃，报之以李"，真诚地关心他人，他人很有可能也会真诚地对待你。

⑤主动示弱：如果你不想别人成为你的敌人，那么，放弃一些你的阵地，让对方在某些领域比你强，让其具有成就感。

⑥让他人感觉自己很重要：即使是一只蚂蚁，也希望因为自己勤劳地觅食而得到伙伴的肯定，何况是人呢！不要因为对方在某些方面不如你就将你的眼睛望到天花板上，否则时间一长你就会头晕目眩失重而倒在地上。

⑦激发他人的强烈兴趣：在内心深处，人人都只对自己感兴趣的时关心，要不，为什么太平洋的飓风也不及他孩子的一个喷嚏更让他担心呢？因此，激发他人强烈的兴趣，就等于给牛拴住了鼻子。

⑧激发他人的高尚动机：当利益不足以打动对方时，给对方一些品德、情感的肯定，让其觉得自己品德高、讲感情，这样他也乐于效

劳了。

⑨欲取之，先予之：要想从对方那里获得一些东西，请先给予对方一些"押金"，这"押金"是利也好，名也好，情也好，这样会让对方心里踏实。

⑩不可动不动就指使他人：你可能是他的上司，但不是他的主人，因此，不可动不动就用命令的语气指使他人，因为抗拒会像弹簧，你拉得越长，被其伤害的可能性就越大。

平衡同事关系

员工和公司的关系，就是利益关系，千万不要把公司当作家。

当然，这不是说我工作会偷懒。我仍然会好好工作，我要对得起联想。同时，我也觉得联想没有欠我的。联想给了我这么好的工作环境，这么好的学习机会，还有不错的待遇。但，公司就是公司，公司为我做的这一切，都是因为我能为公司作贡献，绝对不是像爸爸妈妈的那种无私奉献的感情。认识到这一点，当我将来离开时，领导会肯定我的业绩，我也会对领导说谢谢，不再会感伤。

——摘自《联想风云》

2004 年，联想集团实施战略性调整，大批员工被辞退，经历其事的某员工在其日记中写下了上面这段话。

中国人喜欢生活在温情脉脉的环境中，希望公司像"家"一样温馨，人与人之间像兄弟姐妹一样，而实际上呢？联想员工的一句大实话，理应让大家明白许多。

"公司不是家"这句话看似残酷，但很好理解：公司与员工是利益关系，员工与员工之间是竞争与协作关系。有着温柔情怀的你，千万不要悲伤，而应该以一种理性的心态对待公司及公司中人与人之间的关系。那么你的人际关系处理能力如何呢？你不妨通过下面的一套问卷自我测评。

处理办公室人际关系能力测评卷

①新同事到公司第一天，你会：　　　　　　　　　（　　）

　　A. 不与他（她）打招呼，以后再认识

　　B. 等他（她）来与你打招呼

　　C. 先做完手中的工作，再与他（她）打招呼

　　D. 立即与他（她）打招呼，并介绍自己

②同事升职，你会：　　　　　　　　　　　　　　（　　）

　　A. 有妒忌心理，但不表露出来

　　B. 找机会请他（她）吃饭或喝茶，借机拉近关系

　　C. 顺其自然，乐于接受他（她）的领导

　　D. 向他（她）表示祝贺

③你升职了，资历比你长的同事对你的领导不服，你会：

　　　　　　　　　　　　　　　　　　　　　　　（　　）

　　A. 找机会给他（她）点苦头吃

　　B. 随他去，他（她）会自己调整好情绪的

　　C. 向上级反映，请上级出面协调

　　D. 直接与他（她）沟通

④公司推行竞争上岗，你最有希望成为部门经理，但原来的部
　　门经理是你的好朋友，你会：　　　　　　　　（　　）

　　A. 放弃

　　B. 把自己为难之处告诉上司，请上司决定

　　C. 与好朋友交流后再决定

　　D. 参加竞争

⑤作为上司，你须裁员两人，一个是你的好朋友，另一个工作
　　能力比你的朋友强，你会：　　　　　　　　　（　　）

　　A. 留下好朋友　　　　　　　B. 向上级反映，请上级决定

　　C. 部门开会投票决定谁留下　D. 裁减好朋友

⑥你与某个异性同事交往较多，同事之间传出你的桃色新闻，

你会： （ ）

　　A. 寻机报复散布流言的同事

　　B. 身正不怕影子歪，与异性同事交往如故

　　C. 减少与异性同事的交往

　　D. 找机会向同事说明真相

⑦异性上司对你有性骚扰的行为，你会： （ ）

　　A. 这好像不是什么坏事

　　B. 不声张，内心默默承受痛苦

　　C. 婉拒，不恶化与上司的关系

　　D. 明确拒绝，表明态度

⑧你在工作中得罪了上司，他（她）找借口扣了你的奖金，你

会： （ ）

　　A. 向同事诉苦　　　　　　B. 保持沉默

　　C. 向上级报告　　　　　　D. 直接与他（她）理论

⑨虽然你工作努力，但公司并未用升职或加薪的方式奖励你，你

会： （ ）

　　A. 与同事说自己受到的不公正待遇，发泄不满

　　B. 有点灰心，应付工作

　　C. 向公司请求，要求对你奖励

　　D. 若无其事，继续努力工作

⑩公司获利很多，却没有增加员工奖金，同事们推举你为代表与

公司谈判，你会： （ ）

　　A. 拒绝　　　　　　　　　B. 推举其他同事

　　C. 勉强应承，但不付诸行动　D. 答应

⑪你的好朋友想背叛公司，并带走公司的商业秘密，他（她）告

诉了你，你会： （ ）

　　A. 为了朋友，假装不知道　B. 劝朋友放弃想法

　　C. 用匿名信的方式告发　　D. 直接向上司告发

⑫你在工作中有失误行为，上司未觉察，你的好朋友同事告诉了
  上司，你会： 　　　　　　　　　　　　　　　　　（　　）
  A. 与好朋友绝交
  B. 请求朋友帮忙在上司面前隐瞒情况
  C. 接受上司的处理，疏远同朋友的关系
  D. 继续保持朋友关系

⑬公司举行业务团队活动，你与恋人有约会，你会： 　（　　）
  A. 直接赴恋人约会，给上司打个电话说有事不能参加活动
  B. 借口身体不适，请上司许可在家休息，然后赴恋人约会
  C. 向公司说明情况，征得同意后赴恋人约会
  D. 参加团队活动，向恋人说明情况，求得谅解

⑭当公司内部出现拉帮结派的现象时，你会： 　　　　（　　）
  A. 参与好朋友的帮派　　　　　B. 离开公司
  C. 保持中立　　　　　　　　　D. 请上级出面处理

⑮在业务工作中，你得到了一笔回扣，公司没有人知道。你会：
  　　　　　　　　　　　　　　　　　　　　　　　（　　）
  A. 期待下次回扣　　　　　　　B. 下不为例
  C. 退还回扣　　　　　　　　　D. 上交公司，说明情况

评分方法：选择 A 得 0 分，选择 B 得 1 分，选择 C 得 2 分，选择 D 得 3 分。

参考答案：

33～45 分：你善于驾驭上下级之间、同事之间的各种复杂的关系，能够化解办公室产生的各种矛盾，你是称职的管理者，又是优秀的员工。

21～32 分：你可以较好地处理办公室的人际关系，但要应付复杂的人际关系，还需要从协调能力上下工夫。

9～20 分：你处理办公室人际关系的能力较差，有时办公室的矛盾因你而起，你自己却不知道原因所在。你要学会理解，学会尊重，学会协调。

0~9 分：在办公室，你经常感到无所适从，办公室人际关系恶化，大多数时候与你有关，你需要提高工作能力和协调能力。

◎ 善于与不同性格的同事打交道

邢芬毕业后进入了一家保险公司从事人事助理工作。干了没到两个星期，她就想辞职不干了。

有时他去找某个员工核对一下考勤，对方扔过来一个冰冷冷的脸色：没看见我正忙着吗？

有时她找人帮忙搬一下她为公司采购的东西，对方会说：自己不会拿吗？当然最后还是去帮她忙了。

有时她督促某科室把卫生做好，结果该办公室人员全体起哄：有劳芬芬小姐帮我们处理一下！

……

"这群人简直是疯子、变态狂！"邢芬在心中恶狠狠地骂道。好不容易支撑了一个月，她决心走人了。

就在她准备走的那个周末，公司组织周末 Party，作为人事助理她当然也要参加。在 Party 上，大家玩得很开心，邢芬也感觉不错。

"过来，芬芬，过来坐在我这边！"一男同事装作喝醉的样子叫她。

"你这个家伙，别把芬芬吓坏了！别人可是大家闺秀！来，芬芬，过来我这边坐！"同事郝星一边笑着对邢芬说，一边拉她自己的身边坐下。

"怎么样？今天感觉玩得怎么样？"郝春芳挽着她的手问道。

"不错，挺好！"邢芬微笑着回答道。

就这样，她们两聊开了。

"芬芬，我看你好像挺害羞的，其实不用。我跟你说，公司的人大多数是做业务的，压力很大，因此言语粗鲁，贫嘴，看起来都比较变态，其实都是口贩子，你可不要给吓倒了！你做人事工作的，以后得开朗些，大胆些。谁要大声对你吆喝，你就对他大声吆喝，没事的!"郝春芳最后告诉她。

结果原本下周一就辞职的邢芬留了下来。

半年后,她和大家打成了一片,工作做得非常好。

俗话说,人上一百,形形色色。因此,深入把握不同同事的个性,并用合适的方式交往,才会取得好的人际交往"业绩"。

①呆板的人:这样的人对人一副冷面孔。与这一类人打交道,热情洋溢,以你的热来化解他的冷,找出他感兴趣的问题和比较关心的事。一定要有耐心,不要急于求成,因为这类人不愿意让那些烦人的事干扰自己的情绪。

②性急的人:这类人风风火火,动不动就说"急死我了!"遇上这样的人,你的头脑一定要冷静,对他的莽撞,以笑置之。

③好胜的人:这种类型的人狂妄自大,喜欢炫耀,力求显现高人一等的样子,好像自己什么都比别人强。应对这样的人,可少与之接触,必要接触时,以冷淡的态度与之应对。

④傲慢的人:这样的人举止无礼,出言不逊。和这种人打交道,在和他相处的有限的时间里,可尽量充分地表达自己的意见,不给他表现傲慢的机会;用短句子清楚地说明要求,给对方一个干脆利落的印象,也使他难以讨价还价;瞅准他的薄弱环节,从事一些他傲不起来的活动。

⑤溜须拍马的人:这样的人一见领导进来,就忙前忙后,汇报工作或开会时,情绪显得比较激动,遇到领导的不同意见,马上调转自己的调子。与这类人相处,千万不可轻易向其表达自己对人对事的负面情绪,因为一会儿他就会到领导那儿打小报告。

⑥城府深的人:这样的人工于心计,总是把真面目藏起来,周旋在各种矛盾中而立于不败之地。和城府很深的人打交道,你一定要有所防范,不要让他们完全掌握你的全部秘密和底细,更不为他们所利用,或陷在他们的圈套之中而不能自拔。

⑦口蜜腹剑的人:这种人又称"笑面虎",明是一盆火,暗是一把刀。碰到这样的同事,最好的应付方式是敬而远之,能避就避,

能躲就躲。办公室里他要亲近你，找一个理由立即离开，做事不要和他搭伴儿，实在分不开，每天记下工作日记，日后也好有个说法。

⑧刁钻刻薄的人：这类人的特点是和人发生争执时好揭人短，且不留余地和情面。冷言冷语，挖人隐私，手段卑鄙，往往使对方丢尽了面子，在同事中抬不起头。碰到这样的同事，应和他拉开距离，不去招惹他。吃一点小亏，受一两句闲话，也装作没听见，不恼不怒，不自找没趣。

◎ 平衡与各同事的关系

芳芳毕业后去了一家外企企划部。工作几天后，她发现虽然每天同事们都有 8 小时的相处时间，但人与人之间的了解却相当少，大家都是职业性笑容，刚工作的芳芳对这一切非常不适应。

一个月后的某一天，芳芳发现同事马瑞快要过生日了，便自作主张给马瑞订了一束鲜花。她想给马瑞一个惊喜，更希望以后办公室里的氛围逐步亲切温馨起来。

可是没想到鲜花出现时，马瑞倒是很兴奋，高声笑着过来跟芳芳道谢，可是其他同事显然都没留意到马瑞的生日，因此颇为尴尬，只是附和着说了声"生日快乐"。

下班后，令芳芳失望的是，没有生日 Party，马瑞高高兴兴地跟男友走了，其他同事也各有安排。芳芳那冒着热气的心在一点点变凉。

几天后，更叫人生气的是，芳芳的一番好心非但没有融化办公室里冷冰冰的气氛，反而有闲话传道："别看那个芳芳没来几天，精明着呢，一来就知道讨好马瑞，谁不知道马瑞是部门经理的候选人？"

芳芳感觉哑巴吃黄连，有苦说不出。

许多新人进入工作岗位后，对办公室淡薄的人情味有些不适应，加之工作压力较大，为此总希望"寻寻觅觅，找一个温暖的怀抱"，其结果是与某个同事关系甚密，甚至形影不离。这其实犯了职场的一大忌讳：

其一，与某个人或某几个人关系搞得很"铁"，而与其他同事关系很平淡，这往往会让人觉得厚此薄彼，让他们心中隐隐不快。

其二，办公室往往出现帮派，而你如果与某个人或某几个人过密，不知不觉就会陷入某个帮派。

其三，如果你缺乏洞察人的能力，而贸然与某个人交好，如果这人的品德与能力不为公司看好，你也会因此而受到一定的影响。

其四，一般说来，上司对小团体总是持着不信任的态度，对于小团体里的人多有顾虑。你与某些人交好，很有可能会引起顶头上司的不快。如果上司把你认为是小团体的一员而列入黑名单，你就倒霉了。

因此，进行一定的交往，适当地保持距离，彼此心灵都需要一点空间。留有余地，彼此才能自由畅快地呼吸。

此外，有几类人，在与之交往时，一定要慎重：

①交浅言深者不可深交：初到公司，可以通过与同事闲谈，拉近彼此之间的距离。但是有一种人，刚认识你不久，便把自己的苦衷和委屈一股脑儿地向你倾诉。这类人乍看是令人感动的，但他可能也同样地向任何人倾诉，你在他心里并没有多大的分量。

②搬弄是非者不可深交：喜欢整天挖空心思探寻他人的隐私，抱怨这个同事不好、那个上司有外遇等等，挑拨你和同事间的交情。当你和同事发生不愉快时，他却隔岸观火、看热闹，甚至拍手称快；或者怂恿你说上司的坏话，然而他却添油加醋地把这些话传到上司的耳朵里。

③唯恐天下不乱者不宜深交：过分活跃，爱传播小道消息，制造紧张气氛。"公司要裁员"、"某某人得到上司的赏识"、"这个月奖金要发多少"、"公司的债务庞大"等等，弄得人心惶惶。如果有这种人对你说这些话，切记不可相信。当然也不要当头泼他冷水，只需敷衍过去即可。

④爱占小便宜者不宜深交：喜欢贪小便宜，以为"顺手牵羊不算偷"，随手拿走公司的财物，比如订书机钉、纸张、各类文具等小东

西，虽然值不了几个钱。公司一旦有较严重的事件发生，上司就可能怀疑到这种人头上。

⑤被列入黑名单者不宜深交：只要你仔细观察，就能发现上司将哪些人视为眼中钉，如果与不得志者走得太近，很有可能就会受到牵连。或许你会认为这太趋炎附势，但有什么办法，难道你不担心自己会受牵连而影响到晋升吗？当然，你纵然不与之深交，也用不着落井下石。

◎ 不要在办公室传播自己及他人"负面"的私事

吴菲挂上电话，眼泪就像断了线的珍珠。不知什么时候，她感觉有一只手柔柔地伸过来。吴菲缓缓地侧过脸，原来是唐晓芙。

唐晓芙递给吴菲一块面巾纸，左手撑在桌子上，右手轻轻地拍了拍吴菲的背，对她笑了一下，转身回到自己的座位上。

吴菲环视了一下办公室，发觉除了自己和墙角边桌子旁坐着的唐晓芙，其他同事早已下班走光了。吴菲望了望唐晓芙，发现她盯着电脑，一脸的落寞。

"晓芙，还没吃晚饭吧，走，我请客！"吴菲站起身来收拾桌子。

从那以后，吴菲与唐晓芙渐渐成了好朋友。

"同事们真是有偏见，说晓芙很难缠，我看她人不错！"吴菲有时在心里为晓芙打抱不平。可慢慢地，吴菲发觉有些异样：怎么她一接电话，总是有几双眼睛瞟过来。

终于有一天，高小姐在她身边耳语："菲菲，你都跟那个'唐大嘴'说了些什么呀？"

"怎么了？"吴菲大惑。

"要不，要不，怎么大家议论纷纷，说你……正在闹离婚！"高小姐低声道。

"这个王八蛋……说谁呢？她不也是……"吴菲愤怒不已。

"她怎么了？她正准备结婚呢！为套你的话，她才编出一堆故事……"高小姐说。

因为一时的感情漏洞，将自己的私事交了出去，结果满城风雨。

那种爱到处挖掘别人私情，到处播散的人处处存在。有时潜意识是为了向他人炫耀跟你关系多么"铁"，有时纯粹是为了恶意中伤。因此，无论是自己的私事，还是他人的私事，尤其是那些带有负面影响的，不要在公司挖掘、传播，弄不好，就会伤人伤己。

保持你的个性

我们在招人时，如果有人大学毕业时考试成绩全部是 A，我对他不感兴趣；如果有人在大学考试中有很多 A，但间有两个 D，我们才感兴趣。因为往往在大学里表现得很好的学生，工作时表现得并不那么好。我们就是要找个性与众不同，在大学学习时并不是门门都很用功的那些人。他们往往很有创造性，对事物很警觉，反应非常机敏。

——［美］尼葛·洛庞蒂

中国有一些俗话，如"出头的椽子先烂"、"枪打出头鸟"、"木秀于林，风必摧之"，这些话表达一个共同的意思：保持与他人一致，不可逞强！

在生存的压力中，在世事的打磨中，我们慢慢失去了血性与棱角，没有了自己的个性，变成了芸芸众生中的一员。

我有一个非常要好的大学同学，同处一座城市，因此有空会聚在一起聊聊。

有一次闲聊时，他谈到他高中时一个非常要好的同学，一脸感伤。"一个人的变化，怎么会如此之大呢？太难理解了！"他喃喃地说。

"怎么了呢？"我问他。

"想当年读高中时，他是我们同学中最具有血性的一位。尽管他的个子在我们那帮要好的同学中最矮，但我们最服他！因为他总是那样侠胆豪情！"他的神情仿佛回到了他的那个高中年代。

"记得入高中没几天，我去食堂买中午饭，结果发现卖饭的窗口前围了里三圈，外三圈的学生。我好不容易挤进去一看，原来是他将一位个头高大的男生按倒在地上，让其向围观的同学道歉，表示以后不再以大欺小、不排队而强行插队买饭！

"我那时个头小，胆子更小，当时都给吓坏了！这么小的个头，居然将那么高的家伙按倒在地，我连想都不敢想！因为这一仗，他一战成名！

"后来这样的事还发生了几次。搞得我们全高中几千人都知道有那么一个个子不高，路见不平，把刀相向的'侠客'。有一次，有隔壁班同学欺负我，他将对方打得鼻青脸肿，并告诉我说以后谁欺负我尽管告诉他。我因此很感激他，慢慢地我们成了很要好的朋友！现在回想起来，几乎整个高中，我对他的记忆，就是打架，再打架！

"后来我们考入了不同的大学，再后来是走上工作岗位，我们的联系越来越少。这样一晃就是十几年！今年年初，他出差路过北京，听说我在北京，特地找到我，说好多年没看见我了，非常想看看我！我宁愿没有这次相会，因为我宁愿他那虎虎生威的高中时的印象永远留在我的心中！"

"为什么呢？"我大惑不解地问道。

"体态发福了，脸上有了许多皱纹。说话有一句没一句的，似乎是在'梦呓'。说话时不看人，目光游移不定，似乎在寻找什么东西！我问他这些年来的工作情况，他有一搭没一搭地说他在国企混了几年，后来出来到私企做销售，一直不太如意，到现在都还没有结婚！

"我其实也老了，身体也开始走形了，混得也不好。但我越混越有个性，而他，我曾经的兄弟，十几年过来，怎么判若两人呢？

"我不明白，我真不明白，社会，生活，对一个人的改变，怎么会这么大呢？"他自言自语，好像又在问我。

听到这个故事，我感慨良多，因为在我的身边，也有类似的故事，也有类似的人和事。他们原本有很优秀的个性，但在生活的消磨中，他们的个性消失殆尽，成为"沉默的大多数"。

◎ 差异化才能生存

阿城是朗明公司业务员，负责油漆销售工作。他做事认真负责，但让上司比较头痛的是他爱发表不同意见，爱与上司就某些重要问题而争论。有几次都把上司气坏了。慢慢地，他做到了营销副总的位置，但这个老毛病总也改不掉。

有一次，看到外界如火如荼地特许经营模式，公司上上下下都力主开展特许经营，老板也动了心。但到了征求他的意见的时候，他认为公司时机不成熟，不能开展此业务。老板感觉被泼了一瓢凉水，心中很是不快，于是当场与他讨论起利弊来，结果越讨论老板越气，拍起了桌子，说要将阿城撵走。事后老板冷静下来，还是听从了阿城的主张。

这样的情况以后还出现了几次。但阿城的职位做得越来越高，最后成了公司的营销副总。

几年后，由于个人发展的需要，他去了别的公司。"阿城，什么时候愿意回来，朗明的大门永远向你敞开，条件你提！你知道吗，我多么怀念那些你我争论的日子！因为从你的目光中，我看到了你的真诚！"老板与他告别时这样说。

讲述这样一个故事的目的不是要让大家都像阿城一样与上司、老板争论，而是想说明，一个人的个性有多么重要。

其实，人与人之间本没有什么不同，如果要说最大的不同是什么，那么我认为是性格，是个性。生活中那些比较成功的人士，其实他们都是比较有个性或者说是很有个性的。有人可能会说，他们是成功后，才显得有某些个性。而我的理解是，因为他们具有个性，够坚持，才获得某些成功。

在这个竞争日益激烈的年代，商家竞相追求产品的差异化以获得成功。那么，人才是不是也应当也追求差异化才能获得成功呢？我们不妨我看看欧瑞公司首席顾问、可口可乐中国有限公司前副总裁朱正中先生的一番言论——优秀的员工常常是当别人还没想到，你已经想到了；当别人已经想到时，你已经在做；当别人在做时，你已经做得不错；当别人做得不错时，你已做到最好；当别人做得跟你一样好时，你已换跑道在做了。

因此，何谓优秀的人才，就是体现在你的不可替代性，体现在你的差异性，哪怕是领先半步的差异性。差异性何来？差异性源于一个人的性格，一个人的个性。伟大的剧作家莎士比亚曾说："你是独一无二的"，这是对个性的最高赞美。

◎ 现在，发现你的个性

2000 年，TCL 启动移动通信业务，有着四川袍哥气质的万明坚就任总经理。

他行事风格强硬，锋芒毕露，看似狂傲不羁，但又极其细心审慎。分公司经理们每次见他之前，都必须充分准备，以应对他可能提出的诸多问题。即便如此，他们还是感到有点不踏实，要先和万明坚的秘书沟通，之后才敢推开万明坚办公室的门，因为门背后等待他们的照例是那双鹰隼般的眼睛。

但工作之余，万明坚和这些人称兄道弟。他们从各地回来时，万明坚会请他们吃饭，然后拉他们到离公司不远的公园跑步。在他看来，这些营销骨干们在外面待久了，难免体质松散，因此他要时常对他们进行小小的"军训"。

万明坚把内心的情绪明白地写在脸上。有一次在浙江，他和同坐一辆车的一个人谈论起手机方面的问题，他认为国产手机最终一定能打败洋手机，而那人非说国产手机根本打不过洋品牌！气得他差点打开车门把对方推下去。为了管理上的问题，他曾专程北上求教于管理专家。在专家面前，他表现出来的像小学生一样的谦逊，让身边的人大吃一惊。

这就是万明坚，一个在公众眼里优点和缺点同样明显的人。

人要做到面面俱到很难，那不妨将自己的优良个性发掘出来，并予以保持。

拿捏分寸把握度

真理，只要向前走一步，哪怕是一小步，就会变成谬论。

——列宁

很多时候，我们似乎陷入一种迷惑：自尊心太强了容易陷入傲慢，反之则容易自卑；与上司走得太近被认为拍马、邀宠，反之被认为太冷漠、不懂应酬；事事小心迈不开步伐，勇往直前又可能遭遇惨败……

几乎每一个非中性词，都有对立的词语存在。如"伟大"与"渺小"、"勤奋"与"懒惰"、"勇敢"与"怯懦"、"无私"与"自私"等；几乎每一个成功的故事，都有其反面的案例与之对应。

因此，身处红尘中的我们，很多时候面对很多事情都要问自己：这件事该不该做，又如何做才好呢？

◎ 学会选择，懂得放弃

农夫将新收割的稻米放在粮柜里。为了抓住偷吃粮食的老鼠，他在粮柜上设计了一个小洞：老鼠空腹才能钻进去，只要随便吃一点粮食就钻不出来，这样就可以瓮中捉鳖。

老鼠进了粮柜之后，美餐一顿，却怎么也爬不出来了——洞太小，而且粮柜四面封死，里面还包上了一层铁皮。

从这则故事中我们应该得到启发：要想把握分寸，必须先学会选择，懂得放弃。否则，可能就会赔了夫人又折兵。

学会选择，懂得放弃，应从以下几点进行把握：

①事情：做事情，尤其是比较重要的事情，一定要仔细想想要不要做，做与不做的差别是什么，如果做的话，为此付出的最大代价可能有多大，自己能否承受。

②对象：对于准备做的事情，与这件事发生关联的人都有哪些，他们会有什么态度，谁将是主导者，他们的秉性与办事风格如何。

③场合：同样的话，同样的人，但在不同的场合，其效果有很大不同。因此，你所要做的事不要违背当时整个场合的格调，否则很有可能是自讨没趣。

④时机：即使前面三者都满足你做某事的条件，但如果时机不成熟，也有可能是白搭。因此，要懂得选择时机，等待时间或自我创造时机。没有时机，宁可暂时放弃。

⑤方式：前四者都具备的情况下，有时还要考虑做事的方式问题。对于不好直接做的事情，应当换位思考：如果我是对方，我希望对方如何处理这件事。

◎ 凡事有度，过犹不及

一次，墨子的学生向墨子请教："老师，话多好吗？"

墨子回答："青蛙日夜鸣个不停，可仍然没有人听；报晓的公鸡一叫，天下为之所动。话不在多，关键在于合乎时宜。"

因此，生活中的许多事情，一方面在于你做还是不做，而更重要一方面在于你如何做，做到什么程度。

中国传统文化讲求中庸之道。什么是中庸之道？不偏之谓中，不易之谓庸；孔子解释为"执其两端而守其中"。中庸就是凡事不偏不倚，恰到好处（有人将"中庸"误解为"办事没主见、和稀泥"，这可能是"庸"字惹的祸）。

用中庸来解释一个人中极品，我们不妨举一例证。在宋玉《登徒子好色赋》中，他形容"东家之子，增之一分则太长，减之一分则太短，着粉则太白，施朱则太赤"。

西方哲学中谈到量变与质变，讲求"度"，其终极意义是和中庸一样的。无论中庸，还是度，就我们日常生活中来说，就是凡事讲求分寸。在工作中，我们应当渐渐学会把握分寸，或者说把握好度的拿捏，这是生存发展的大智慧！

①察言观色，判断情势：在办理某些异于寻常的事情，在办理的过程中，一定要察言观色，把握对方的心理，判断情势的发展。

②超出所料，随机应变：如果事情不是朝你事先设想的趋势发展，那么要在当时就决定暂时放弃，改变方法，或采取其他措施。

总之，分寸就是在正确的时机、正确的场合，对合适的人，做正确的事情。

抱怨不如改变

永不抱怨的人生态度才是第一位的。

——马云

当你陷入困境时，不要抱怨，默默地吸取教训。

——比尔·盖茨

人从一声啼哭来到这个世界上，到怀着这样那样的心情离开这个世界，绝没有事事如意，件件顺心的。

学习不好，我们诅咒可恶的考试制度，说其如同科举！

爱情不和，我们幽怨、吵闹，恨对方不贤惠不体贴不站在自己的角度思考问题！

工作不顺，我们咒骂公司条件差、工资低、管理混乱、老板没人性！

……

世界的每个角落，抱怨之声此起彼伏，不绝于耳。

◎ 人生是动态的平衡

我，/曾经，/因为没有漂亮的鞋子，/哭泣。

出门，/转角，/却遇见，/没有腿的男子！

很多人羡慕别人拥有这拥有那，因自己一无所有而抱怨、痛苦。其实，人生而平等，别人拥有显赫的门第，你可能拥有漂亮的容颜；别人拥有漂亮的容颜，你可能拥有聪慧的头脑；别人拥有聪慧的头脑，你可能拥有健康的身心……就算你一无所有，但你还有不肯服输、不屈不挠的灵魂。

所以，人生乃是动态的平衡，没有完美，没有"十项全能"，每个人都有这样那样的缺憾，你绝不是一无所有！但是你如果事事抱怨，处处抱怨，曾经拥有的你也将失去，你将真正一无所有！

◎ 当下即是你最好的选择

有人心事郁郁，请佛陀为其指点。佛陀邀其入内。此人历数自己的大小怨恨，娓娓不绝。

"你吃了早餐吗？"佛陀问道。

此人点点头。

"你洗了早餐的碗吗？"佛陀再问。

此人又点点头。

"你有没有把碗晾干？"

"晾干了！"此人不耐烦地回答。"现在您可以为我解惑了吗？"

"你已经有了答案！"说完，佛陀转身而去。

佛陀提醒他，勿抱怨，全神贯注，活在当下。

许多情感不和的夫妻，不满意对方，同床异梦。许多初入职场的人，抱怨公司，在当前的公司吊儿郎当地干着，到处打听哪里有更短的工作时间，哪里有更舒服的办公环境，哪里有更高的收入。

其实，回头想想，爱情、婚姻、工作、事业等，没有人真正强迫你，都是你目前自身能力、资源、眼光匹配和选择的结果。当下就是你的状态，就是与你匹配的最佳结果，为何怨天尤人呢？

◎ 多一些反思，少一些抱怨

阿诺德和布鲁诺两人同龄，他俩同时受雇于一家店铺，并且拿同样的薪水。可是一段时间后，阿诺德青云直上，而布鲁诺却仍在原地踏步。布鲁诺很不满意老板的不公正待遇，终于有一天他到老板那儿发牢骚了。老板一边耐心听着他的抱怨，一边在心里盘算着怎样向他解释清楚他和阿诺德之间的差别。

"布鲁诺先生，"老板开口说话了，"您现在到集上去一下，看看今早上有什么卖的。"

布鲁诺从集市上回来向老板汇报说，今早集市上只有一个农民拉了一车土豆在卖。

"有多少？"老板问。

布鲁诺赶快戴上帽子又跑到集上，然后回来告诉老板一共40袋土豆。

"价格是多少？"

布鲁诺又第三次跑到集上问来了价格。

"好吧，"老板对他说，"现在请您坐到这把椅子上一句话也不要说，看看阿诺德怎么说。"

阿诺德很快就从集市上回来了。向老板汇报说到现在为止只有一个农民在卖土豆，一共40袋以及土豆一斤的价格和一袋的价格。土豆质量很不错，他带回来一个让老板看看。这个农民一个钟头以后还会弄来几箱西红柿，据他看价格非常公道。昨天她们铺子的西红柿卖得很快，库存已经不多了。他想这么便宜的西红柿，老板肯定会要进一些的，所以他不仅带回了一个西红柿做样品，而且把那个农民也带来了，他现在正在外面等回话呢。

此时老板转向了布鲁诺，说："现在您知道为什么阿诺德的薪水比您高了吧！"

新人初入工作岗位，由于缺乏工作经验，很难说一时能找到起点多高的工作或给老板带来多少价值与利润，因此各方面的条件差一点是在所难免的。少数人默默忍受，一点一点积累，芸芸中脱颖而出，多数人则感到委屈、压抑，甚至痛苦，于是一点一点、或明或暗释放自己愤懑的情绪。

请问，抱怨能改变你所痛恨的事情吗？如果可以，那你尽管抱怨好了！而答案往往是否定的，我们往往只能过过嘴瘾。事实上抱怨的负面后果很大。

哀怨会使你心情压抑、情绪不佳而影响你的身心健康！

幽怨会使你内心或多或少地抗拒工作，效率低下，工作没有成效！

事事抱怨会使你凡事总挑别人的不是，长期形成习惯而使你变成一个自私自利的人！

怨声载道是洪水，流窜迅速，影响力巨大，极度破坏公司的团结、稳定、发展！

抱怨是瘟疫！佛说：一切的根源在我！因此，凡事不要抱怨，而要静心反思：我自身的问题在哪里？

——我是不是太娇气，不能吃苦耐劳？

——我是不是自信心不够，总觉得背后有一双挑剔的眼睛？

——我是不是心理承受能力太差，不能适应工作所带来的压力？

——我是不是没有找到正确的工作方法、路径，工作缺乏成效？

——我是不是太斤斤计较，总觉得自己付出的太多，得到的太少？

如果不喜欢一件事，就改变那件事；如果无法改变别人，就改变自己！少一些抱怨，多一些反思与改进，阳光就会一点一点透进你的生活。学习、工作、爱情、婚姻、事业，人生诸事，概莫能外。

君子离职亦有道

看人只看后半截。

——［明］洪应明《菜根谭》

因为这样那样的原因，某一天，你可能会离开曾经让你欢喜让你忧的公司，去寻找新的人生驿站。有的人离开公司时恨不得将其付之一炬，有的人离开公司后相逢已是陌路，而有的人离开了公司，却时不时像回娘家一样经常联系、走动。

◎ 前进还是撤退

测试你在公司的"钱景"

①这家公司是工作的好地方。

②努力的话，我在这家公司会有出头之日。

③这家公司的薪水待遇比其他公司好。

④这家公司的晋升方案很公平。

⑤我了解公司所提供的各种福利措施。

⑥我的工作可以充分发挥我的才能。

⑦我的工作富有挑战性，但不会负荷过度。

⑧我信赖我的上司。

⑨我可以自由地和上司讨论任何事宜。

⑩我很清楚公司对我的期望。

⑪我在这家公司更容易成功。

⑫我得到了充分的鼓励和足够的肯定。

⑬我家人对我的工作非常满意，他们理解并支持我对工作的付出。

⑭这份工作给我带来了令人尊敬的社会地位。

⑮我在这里学到很多实用的东西。

⑯公司的环境令我心情舒畅，干起活来也格外带劲。

⑰我有很好的同事和我一起完成工作，我们互相合作，取长补短。

⑱我觉得我的工作实现了我的社会价值。

⑲这份工作给我带来满足感，即使有时候也非常辛苦。

⑳我能够充分胜任这份工作。

计分方法：每道题的答案有5项："完全不适用"为1分；"有些不适用"为2分；"不知道"为3分；"有些适用"为4分；"完全适用"为5分。将你所选择的答案代表的分值相加，即为你的得分。

结果评析：

71～100分：你对目前的这份工作非常满意，尽管它并非完美，但你喜欢这里的企业文化和管理环境，它符合你的价值观。在这里你感到充满希望，这里是你一展身手的好舞台。

41～70分：目前这份工作对你来说差强人意，似乎这个公司还有许多方面你不太满意。如果没有其他更好的选择，你还是应当留在这里。你需要收敛一下自己的脾气，适应公司环境，或许你可以尝试一下用锻炼、放松、找家人和朋友倾诉以疏导你对公司的负性情绪。

21～40 分：这个公司对你来说已经没有什么可以留恋的了。每天都要被迫到自己不喜欢的人群里工作使你感到焦虑和痛苦，你或许早已感到厌倦。那么你还等什么呢？给自己找个更合适的地方吧。

有时，对于工作单位是去是留，你心中盘旋"其实不想走，其实我想留"的曲子。那么借助上面的问卷，或许能帮你做判断，为你一解愁眉。

◎ 打进一个球后再"转会"

高凯有着多年的财务管理经验。之前，他曾经位居某公司总经理高位。因为感觉再没有什么发展空间，希望换个环境，给自己新的挑战。

高凯的一位朋友认识企业圈许多高层人士。听说高凯想换岗，于是帮他物色新主。某知名民企老板知道后，强烈邀请高凯进入自己的公司，给他的职务为财务主管。由于是朋友推荐，加之为了保持低调，他并没有提出明确的薪资要求。

但入职半年来，他并没有进入财务主管角色：原先负责财务工作的老板的弟弟照常主持工作，批发票的事情还是老板自己操刀。通过与老板的交往，高凯摸透了老板的性格，觉得走错了门，于是决定离开该公司。

离职那天，他将一份报告送到了老板的桌子上：一份该公司从未做过的下一年度的预算报告。它一举解决了老板多年的困惑，使得老板知道自己一年投入多少，又能挣回多少。

送别宴会上，老板大表感激。

"没什么，算是我临别时送给老板的一点礼物嘛！"高凯笑着说。

许多人离开公司时，与公司搞得山穷水尽，结果职员做不了，朋友也做不了。这是很愚蠢的做法！

要想在职场上留下好的口碑，一定要与老东家和和气气分手，必要时送给老板一个"大礼包"（把某项工作做得超出你平时水准，再交给公司），这样人走了，友情还在。有一天圈子里的其他人在老东家面前提起你时，老东家会伸出大拇指。这就是口碑！

◎ 君子离职守则

某君在职场小有名气，有一天他接到一著名猎头公司电话。通过长达半个多小时的电话沟通，双方非常满意：猎头公司对他的专业度非常满意，他对猎头提供的公司知名度、职位符合性、薪资待遇都非常满意。

"请问您什么时候可以上班？"猎头公司问道。

"明天，明天就可以！"他略带兴奋地回答道。

"明天？那你不与老东家做离职交接了？"猎头公司有些惊异地问。

"这个，这个好说嘛……"他欲言又止。

"对不起，您的专业能力没有问题，但职业道德值得进一步考虑，就这样，再见！"对方"啪"的一声将电话挂了。

到嘴的肉又溜跑了，煮熟的鸭子又飞了，这能怪谁呢？只能怪自己没有职业道德。因此，投奔新东家前，一定要与老东家打好交涉。

①提前打招呼：不要明天走，今天才打招呼，这样会使你承担的工作一时无人接替而给公司带来损失。因此，应提前半个月到一个月的时间提前向公司提出辞职申请。

②准时上下班：照常上下班，不迟到早退，像平常那样工作。

③站好最后一班岗：工作上负责任地做事。

④不要乱打电话：在最后两周内不要利用工作时间给亲朋好友打电话，尤其不能在电话里炫耀自己已另谋高就或炫耀自己的新工作如何优越。

⑤勿到处抱怨：不要在任何人面前抱怨自己在这里得到了不公

平的待遇，你要把情绪封存起来，准备把精力投入新的工作。

⑥勿对任何人表示异议：不指责、不否定，特别对你的上司，还有其他同事。

⑦不要主动提建议：你也许好心地想在离开时向上司提些建议，但你既然辞职了，在上司的心目中就不再是真正的雇员，你的建议或评论很可能会引起他的误解。

⑧办理好交接手续：公司批准你走了，那么在离职前应办理好工作交接手续，不可等辞职后，因某些事情没交接清楚还得打电话找你。

⑨物"是"人"非"：人走了，但不要拿走公司的任何资料或物品。

⑩不带走公司业务：不挖属于公司的客户，不做有损公司名誉、利益的事。

资本密码

——专业成就价值

制针业是一个很微小的制造业，但它的分工常常引起人们的注意。如果一个工人没有受到过相应的训练，那么即使竭尽全力，也许一天连一枚针也生产不出来。但按照这个行业现在的制作方式，不仅整个工作已分成专门的职业，而且这些职业又分成许多部门，其中大部分部门也同样成为专门的职业。

第一个人抽铁丝，第二个人将其拉直，第三个人将其截断，第四个人将其一端削尖，第五个人磨光另一端以便装上针头。

仅做针头就要求有两三道不同的操作：装针头是一个专门的职业，把针涂白是另一项专门的职业，甚至把针装进纸盒也是一个专门的职业。这样，制针这个看似简单的职业被分成18道不同的工序。

如果他们尽力工作，10个人每天可以制造出48000枚针。但如果他们各自独立工作，谁也不专门学做一种专门的业务，那么他们之中无论谁都绝对不能一天制造出20枚针，也许一天连1枚针也制造不出来。

——亚当·斯密《国富论》

两三百年前的欧洲，行业分工之细，由经济学鼻祖亚当·斯密的著作可见一斑。社会分工越细，标志其文明进步的程度越高。随着社会的飞速发展，分工会越来越细，人才会越来越专业，人才的价值体现在其专业性。

谈到专业价值的重要性，某著名外资企业董事长说：现在国内许多人都热衷于外语及计算机，似乎只要有这两门技能，就意味着有优雅的办公环境、令人羡慕的职位、优厚的待遇。的确，要想拥有这些，外语和计算机是基础，但也应该明白，这仅仅是基本的职业技能。

你要让你的老板真正地感悟到你是人才，应该在你的专业技能上下工夫。切记，你的智慧，尤其是专业技术的水准高低，在老板考核员工的价值天平上，远胜于你的外语和计算机能力。

专业创造价值

不管黑猫白猫，会抓老鼠的就是好猫。

——邓小平

20 世纪 90 年代初，中国社会主义建设的总工程师邓小平于视察武昌、深圳、珠海等地时，就社会主义是否要搞市场经济，他抛出了惊世骇俗之言：不管黑猫白猫，会抓老鼠的就是好猫。言下之意是说：不要在姓"资"姓"社"的问题上争论来争论去的，判断大政方针的标准，应该主要看"是否有利于发展社会主义社会的生产力，是否有利于增强社会主义国家的综合国力，是否有利于提高人民的生活水平"。

短短 15 个字，掷地有声，解决了长期以来我国因为意识形态的问题而不敢放手进行经济建设的困境，从而使我国改革开放走上了飞速发展的轨道。

如果套用这句惊世之言，我们可以说：不管黑猫还是白猫，能够给企业创造价值的就是好猫。

◎ 价值 ≠ 被使用价值

一船夫摆渡一哲学家过河。

船离岸不久，哲学家开始与船夫闲聊起来。

"你懂历史吗？"哲学家问船夫。

"不懂！"船夫回答说。

"那你生命的一半失去了！"哲学家说。

"那你懂哲学吗？"过了一会，哲学家又问船夫。

"也不懂！"船夫说。

"那你生命剩下一半的一半又失去了！"哲学家笑着说。

　　船行至河中央，一阵狂风把小船给吹翻了，哲学家与船夫双双落水。

　　"你会游泳吗？"船夫问在水中拼命挣扎的哲学家。

　　"不，我，我，不，不会！"哲学家上气不接下气地回答。

　　"那你生命的整个就全失去了！"船夫大声说。

　　这个故事告诉我们掉在河里而不会游泳，满腹经纶也白搭，价值≠被使用价值。许多才毕业的大学生，认为自己学了不少知识，因此认为自己很有专业价值。殊不知，大学里所学的许多知识（譬如计算机、英语）在工作岗位上一时根本用不上。有统计表明，一个人从大学里获得的知识，在工作岗位上只能用到10%。

　　因此，收起各种证书，全面地学习岗位所需技能，增强我们的专业价值，从而增强我们的被使用价值。

◎ 专业价值才是你的生存之本

　　在一次人才招聘会上，某靓女递上个人简历之后，又递给招聘人员一个厚厚的本子。招聘人员接过去一看，原来是一本个人影集：场景各异、姿态各异的照片整整一大本。

　　"这是你的个人写真集？"

　　"是的，是我的！"该靓女连声回答。

　　"照片拍得挺漂亮的，本人也确实很漂亮。可是我不明白，这和你应聘我们的岗位有什么关系？"

　　该靓女的脸一下红到了脖子根。

　　"貌"确实是一种资源，但要看在什么场合。在时尚、娱乐产业，那是一张通行证，但在别的很多场合，没有人为其埋单。

　　因此，品德之外，一个人的专业能力是其职场生存的必要条件，至于相貌，有德有才之后，"貌"可以算得锦上添花。

　　董国瑞是北京某大学学化学专业的，毕业时同学们的大都选择了留在北京，而他却选择去了家乡某大型民营化工企业做技术工作。

　　他性格比较内向，除了规规矩矩上班，认认真真钻研自己的专业技术外，他较少与同事们谈天说地。

一年后，他自行钻研出一种独特的化学药剂调配方法，得到企业的高度认可。由于他的创新，为企业带来数百万的订单。两年后，企业领导为他物色了漂亮的女友。三年后，企业给他奖了一套房和一辆轿车。他的发明事迹还上了当地主要媒体。

许多人议论纷纷，认为企业太偏心，认为董国瑞尽管为企业作了贡献，但初来乍到，不至于受到如此优厚度的待遇。

"不服气是吧？那你们有本事你们显出来啊！谁要是像他那样为企业创造这么多利润，我一样给他配房配车配美女！可是你们呢？别人发明的方法，手把手教你们使用，你们都学不会，哪能怪谁？"在一次职工大会上，董事长这样说。

企业是以利润生存发展的，没有利润，企业不复存在。因此，身在职场，为企业创造价值，这是立身之本，否则，一切都是空谈。

因此，当我们感到自己没有得到一定的回报时，首先要问问自己：我为企业创造了什么价值？

◎ 不要忘了企业在做生意

"俗，太俗了，这叫什么设计，垃圾！"从第一天进入那个不大不小的服装公司，看见老同事设计那些服装，刘洋就在心里一直咒骂。几个星期后，刘洋苦心孤诣设计出来的服装样品出来了。看着自己的杰作，刘洋心里非常高兴："哼，让他们知道什么叫做设计！"

"刘洋，这是你设计的服装吗？"总经理兼设计师马总问道。

"是的！"刘洋微笑着点头。

"创意不错！"马总斜着脸对他说。

"凑合吧！"刘洋故作谦虚。

"凑合？看样子两个星期的市场调研，你一无所获！你这哪是为顾客设计的服装？这是自我情感的发泄！唯美的设计体验！"马总气呼呼地说。

"可是，可是，市场上的那些东西，太俗……"刘洋压低声音。

"俗？你雅！我承认。可是，你设计的服装是给你自己穿的吗？"马总越说越气，一甩袖子就走了。

这其实是一场要创意还是要市场的争论。马总是对的，因为她真正懂得顾客需要什么，市场需要什么，而不是沉醉在自己的创意中，而忘了自己在做生意。

我们很多时候，忘记企业是以利润为命脉的，没有真正尊重市场的需求。中国 IT 业的领头羊联想集团，董事长柳传志与技术总工倪光南，就要不要上当时倪总工规划的"中国芯"这一技术问题终至分道扬镳。事后证明，柳传志的选择是对的：依联想当时资金的条件以及市场需求状况，"中国芯"只是一个赔本赚吆喝的项目。尽管当时媒体将"中国芯"的研发上升到民族荣耀的高度，柳传志还是下令放弃了这个项目。

当然，我们不是说不要创意，而且我们认为创意非常有用，但前提是符合市场需求，这样才能更快地获得利润。因此，每时每刻，我们要思考自己的所作所为是不是在为企业创造利润。

◎ 你的价值可以"数字化"吗

"你能够说得更详细点吗？"力帆公司人事总监对应聘者问道。

"2002 年至 2005 年，我从事高迈高公司的建筑板材销售工作。最初是做普通的业务人员，一年时间为公司销售了 2000 多万的板材"应聘者说。

人事总监微笑着点头。

"2004 年初，我被提升为北方区域经理，负责华北 5 省市的销售与市场拓展，将公司在该区域不到 1% 的市场占有率提升到 4% 左右，使高迈高成为该市场第三大板材品牌！"应聘者继续说。

人事总监把身子倾过来，连连点头。

……

两天后，应聘者被该公司录用为区域销售经理。

有一次与某著名猎头公司聊天，他谈到他们"猎头"的标准时说：过硬的专业技能，一定的资历，良好的职业道德，这三者是他们选人的主要标准。

"那一个人的专业技能如何体现呢？"我问他。

"最好能'量化'，譬如做销售时，你曾经的销售业绩是多少；做人事主管时，公司的人员流动率为多少……很多东西都是可以量化的，这样能直接体现你的专业价值。当然，我们自然有我们的考察手段，不是你说多少业绩就是多少业绩。"他回答说。

敬业，才能专业

我们公司聘人的标准是敬业精神。我认为，工作是一个人的基本权利。有没有权利在这个世界上生存，则看他能不能认真地对待工作。公司给一个工作，实际上是给一个生存的机会，如果能认真地对待这个机会，也才对得起公司给予的待遇。能否干好公司给的工作，能力不是主要的；能力差一点，只要有敬业精神，能力会提高的。

如果一个人不敬业，做不好本职工作，就会失去信誉，那么他再找别的工作，做其他事情都没有可信度了。如果认真地做好一个工作，往往还有更好的、更大的工作等着你去。这就是良性发展。

——张朝阳

GE 人力资源某负责人曾经这样说："我们在分析应征者能不能适合某项工作时，经常要考虑他对目前工作的态度。如果他认为自己的工作很重要，我们就会留下很深的印象。即使他对目前的工作不满也没有关系。为什么呢？这个道理很简单，如果他认为他目前的工作很重要，他对下一项工作也可能抱着'我以工作成就为荣'的态度。我们发现，一个人的工作态度跟他的工作效率确实有很密切的关系。"

◎ 敬业，才能获得公司的认同

"不行，不行，什么玩意！不要！"车间主任刘芳头摇得像拨浪鼓。

原来公司新办的工厂招聘技工，报名者正排队一一面试。下一个即将过来面试的小男生胖乎乎的，一脸憨笑，活像香港电影演员林雪，刘芳一看就摇头。

"你又不是选美，是招技工！"质检科科长小声劝说道。

"你看他那胖乎乎的手，我都怀疑车位放不下他的那双手！"刘芳抗议。

"我们人手不够，要不让他先试试！"质检科科长建议道。

就这样，"林雪"进了工厂，留作试用。

还真如刘芳所说，"林雪"的手太大，很多工具他的手都伸不进去。没有办法，看他为人踏实，刘芳给他换了一个可"容纳"他的岗位。

他确实比别人要笨一些，别的职工一遍能学会的许多工序，他有时要学两三遍。但这并不影响他完成自己的工作：别人午饭后要休息一会，而他吃完了就干；别人下班走了，他总要把第二天的工作开一个头才肯下班。许多时候，他的头上都淌着汗水。一年下来，他的个人产量在20多个同岗位的员工中排第三位，获得了"岗位模范"的称号。

这是我工作历程中经历的一个故事，故事中的质检科科长就是笔者本人。

多年以后，回想起在车间做技术监管工作那段岁月，"林雪"是我头脑中挥之不去的印记之一。

我在给企业做培训时，与许多老板和人事招聘主管交流，他们都谈到：基础差点不要紧，关键是看你敬业不敬业。敬业，你就有可能把你的工作干得很好。

◎ 唯有敬业，方可专业

弈秋，通国之善弈者也。使弈秋诲二人弈，其一人专心致志，惟弈秋之为听；一人虽听之，一心以为有鸿鹄将至，思援弓缴而射之。虽与之俱学，弗若之矣。为是其智弗若与？曰：非然也。

这篇古文出自《孟子·告子上》，阐述了专心致志的重要性。

李诚立是某医科大学主修外科的学生，毕业后在一家大医院工作。他很少花时间用在娱乐上，每天不声不响钻研外科技术，为此同事们送了他一个雅号——老古董。每次上了手术台，他就会把周围的一切忘得一干二净。

然而，就是这样一个默默无闻、其貌不扬的"老古董"，居然被医院"院花"看中：二人同在外科，工作中产生了感情，最后发展到了谈婚论嫁的地步。就在这时，一件沸沸扬扬的新闻发生在这个寡言少语的人身上。

那是一次大手术中。李诚立正在全神贯注做手术，不时回手要手术工具，当他伸手要止血钳时，平时配合很好的"院花"不知为什么竟把镊子递了过来。李诚立气急了，回身便打了"院花"一拳。眼泪和鼻血顿时流了下来。"院花"一言未发，第二天就和李诚立分了手。

这件事情很快就传遍全院和全市医务界，大家议论纷纷，各抒己见。那些热心好事的大姐们劝李诚立去赔礼道歉，以挽回这桩婚事。

"手术台是医生的战场，怎么可以有半点差错？对一个正在流血的病人，每分每秒意味着什么？意味着生命！应该道歉的不是我，而是她！"李诚立坚决地回绝说。

一反一正、一古一今的两个故事，告诉了我们专心致志、敬业有多么重要。敬业不仅仅体现了一种精神，也在很大程度上体现了一个人的人品。

①忠诚为本：不可只盯着自己的得失，造成心理失衡而"人在曹营心在汉"，或干吃里爬外、损公肥私的事情。

②责任第一：把公司、老板的利益放在第一位，具有强烈的责任感与使命感。

③自动自发：凡事主动，而不是"等、靠、要"，上司、老板"推一推，动一动"。

④坚韧坚持：遇到困难时，当作是对自己的考验，要有不达目的誓不罢休的精神。

工作是最好的学习

读书是学习，使用也是学习，而且是更重要的学习。从战争学习战争——这是我们的主要方法。没有进学校机会的人，仍然可以学习战争，就是从战争中学习。

——毛泽东《中国革命战争的战略问题》

当前，"充电"是个非常时尚的词。许多人有感于自己现有的知识水平不能适应当前岗位的需要，为此，有的人放弃现有的工作，背起了书本，走进了校园；有的人申请假期，到处寻求培训的机会，希望通过读书、培训以获得更多的知识，从而满足工作的需要。

在某种程度上，这当然是一股好的风潮。但我有一种担心，即有些人将工作与学习对立起来，认为工作就是放电，而学习才是充电，因此，要想学习，必须放弃工作，走进校园，报培训班等方式去充电。

如果是这样，我认为在思想上陷入了某种误区，甚至可以说是本末倒置。其实，书本上的知识，不是来源于工作实践经验所得吗，要不，何以形成知识？因此，对于盲目追赶学习风潮的人，我想说一句：工作是最好的学习。

◎ 知识不等于智慧

从前，有个商人，他每天到各村向村民收购糖回家后，把糖装进箩筐或麻袋里，然后运到外地去卖。

商人在统一打包时经常掉些糖在地上，而他却满不在乎。他妻子是个细心、勤俭的人，见满地散落的糖心疼极了。当她丈夫每次装完糖后，她都要把掉在地上的糖一点一点收拾起来，装在麻袋里，偷偷存放到后房。

这一年来，这个商人的生意做得很不顺利，村民收成不好，普遍缺糖。他不但亏蚀了本钱，还欠了债，生活陷入了困顿。"到哪儿去筹借这笔钱来还债呢？"他整天冥思苦想。

后来他对妻子感叹道："如果还留下点蔗糖就好了，一定能卖好价钱，也不至于负债。可现在一点糖也没有，怎么办？"

妻子听后，疾步走到后房，清点了一下她平时收拾的那些糖，居然整整有6担之多。这样，他度过了难关。

妻子美德挽救全家的消息，很快传遍全村，也传到镇上。镇上有家卖书报和文具的小店的店主知道此事后，闲谈之时讲给自己的妻子听。妻子听后思忖片刻，觉得这没有什么难，不就是积攒点东西吗。从那天起，她每天趁丈夫不在时将书、报纸、课本、日历等，每样拿一两本藏起来，天天如此。两年后，她看到藏起来的书报等物已经不少，于是洋洋得意地叫丈夫到后房去看。

丈夫不看倒也罢了，一看气得差点昏倒。"天啊，你这是在拿我的血汗钱开玩笑！"丈夫仰天哀叹。"这些过时的报纸、课本、日历，如今谁还会要呢？"

因为只知生搬硬套，而不懂得分析，结果好心办了坏事。

战国时代赵国大将赵括，只会纸上谈兵，死搬教条指挥作战，使40万大军全部覆没，他本人也死于乱箭之中。三国时蜀汉的马谡，自以为熟读兵书战策，天下无敌，不听别人劝告，死搬书本知识，结果失去了街亭这一战略要地，自己也被处死。

一个人学的书本知识再多，如不懂得结合实际情况灵活运用，变通运用，不但起不了作用，很有可能被束缚了手脚而起反作用。因此，知识不等于智慧，知识不等于现成的工作方法、技巧。不懂得灵活运用知识，知识可以说毫无用处，甚至是毒药。

◎ 工作是最好的学习

2000年，世界华人首富，世界十大富豪之一的李嘉诚被英文《亚洲新闻》杂志评选为年度亚洲最具有影响力的人物。

李嘉诚赤手空拳，白手起家，奇迹般地在商界崛起，创造出一幕幕商界神话。然而许多年前，他是一个连初中都未读完，为人端茶倒水的小学徒。那么，他何以成为中国乃至亚洲富豪的代表呢？

最初，李嘉诚辍学在茶楼当小伙计时，就跟别人不一样。他边当伙计，边有意识地锻炼自己观察他人习惯、需要、心理的本领，并时时留心从茶客的谈话，从中学习做生意的诀窍。后来，到塑胶公司工作，他把自己完全卖给了公司。别人干8小时，他却干16小时，而且不断尝试新的工种。

李嘉诚在拼命努力使企业效益增长的同时，也熟悉了塑胶产业从生产到销售的全过程，学到了全套的管理本领，为他的日后创业打下了坚实的基础。

我在给一些企业做培训时，等我抵达目的地，发觉培训地点已经找好了（宾馆或大一点的会议室），投影、麦克风、白板等已经一切安排就绪，甚至学员们已经打开笔记本，等待抄写老师的讲课笔记了。这时我会告诉他们：我们不在这里讲课，也不用抄笔记，我们到工作现场去工作，去观察、发现问题，去讨论、解决问题。

其实，任何的知识，都是来自于对生产、生活实践的归纳和总结，否则，我们的书本上将是一片空白。因此，工作是最好的学习，而从其他途径所获得的知识，远不及工作本身来得更直接。

案例中的华人首富李嘉诚先生，他的书本知识可以说很少，但他懂得向工作学习，向生活学习，因此积累了别人无法从课本上学到的知识。

南宋大诗人陆游说得好："纸上得来终觉浅，绝知此事要躬行。"

◎ 善于总结才能提高

卢女士是北京某著名高档商场的导购人员。她从16岁开始做导购，直至退休，总共从事了30多年的导购工作。她以善于推销货品而著称，年年获得"金牌导购"的称号。

某管理咨询公司听说有卢女士这样一位人物，大喜过望，力邀她加盟公司，给一线销售人员做销售技巧方面的培训。卢女士欣然前往。

结果一场培训下来，大家全傻眼了：卢女士的表达能力欠佳不说，关键是她对自己 30 多年来积累的销售经验从来没有进行过系统地归纳和总结，结果讲课时东一榔头西一棒子，有时还自相矛盾，弄得听课者如坐飞机——云里雾里。

卢女士由于从没有有意识地对自己的工作经验进行系统的归纳和总结，无法进行推广而为他人所用，因此她 30 多年一直只是一个导购而没被提升为销售经理。她的经验不具有推广性，结果她退休了，她的那些工作经验也"退休"了。

梁文是某著名广告公司设计人员。一次他随同老板出差后回来，老板交给他一个大袋子，让他打开点点。

他拉开袋子口袋一看，差点被吓呆了：满满一大袋子钱！经过仔细清点，总共是 18 万。对于 20 世纪 90 年代初，月薪只有 300 多元的他来说，这无疑是个天文数字。

"老板，什么时候我要能挣这么多钱就好了！"梁文一边将那袋钱递给老板，一边用崇拜、羡慕、玩笑的口气说。

"会的，小梁，只要你做得比我多，总结得比我多，你就会比我挣得更多！"老板抿了抿嘴，拍着他的肩膀，一脸严肃地说。

柳传志有句名言："要想着打，不能蒙着打。"这句话的意思是说，要善于思考，善于总结，不能光干不总结。

联想人善于总结，不仅总结"联想是什么"（指过去做的工作和取得的成功），而且总结"联想为什么"（主要是总结出规律性的管理经验，用以指导以后的工作，为今后的发展打下基础）。在发展过程中，联想成功地总结出了"贸、工、技三级跳"的发展道路，总结出了一个目标、三步走、五条战略路线、六大事业等经验，总结出了建班子、带队伍、定战略的"管理三要素"的理论。

我们可以毫不夸张地说，勤于思考、善于总结是联想成功的真正秘诀。

一个能够很快掌握工作岗位所需的技能的人，一定是一个善于在工作中自我总结的人：他抓住了工作的重点、难点，并总结一些规律和方法去把握这些重点、难点。

反之，一个"等、靠、要"思想严重，事事指望他人来教导的人，一个光干而不总结的人，肯定不会在工作上有多大建树。

①从成功中总结经验：一件事情能够办成功，往往是各种因素共同促成的。因此，从自己、从他人的成功中总结办理事情的规律，就可以指导自己或他人下次进行同类工作。

②从失败中总结教训：人们常说，失败是成功之母。因此，从自己的、他人的失败中总结其原因之所在，以免犯同样的错误。其实，教训与经验往往只有一纸之隔，对教训的否定往往就成了经验。

③将经验系统化、简洁化：一件事情完成后，分析其成功与失败之处，分析其内因和外因，总结出规律，并能够以系统、简洁的语言、文字进行传播。这样做一方面是让这种规律在自己的头脑中根深蒂固，另一方面更重要的是以利于推广，教导他人。

只为成功找方法

问题就是期望的东西和感受到的东西之间的差异。

——［美］杰拉尔德·温伯格

在工作中，我们往往会遇到许多许多这样那样的问题，这是在所难免的。

善于解决问题的人，懂得分析问题是什么，是否必须要解决，以及坚持尝试不同的方法，直至问题解决。不懂得解决问题的人，在问题面前一筹莫展：既不会分析，也不懂得尝试不同的方法，结果"被问题解决"！

◎ 问题的本质是什么

陈刚在推销界干了十几年。在这十几年里，他推销过多种产品，成为一位推销高手。在别人向他请教成功的经验时，陈刚说："推销前一定要弄明白顾客究竟需要解决什么问题，然后带着解决该问题的办法去拜访顾客。这样，你所遭遇拒绝的可能性会大大减少。"

陈刚在推销建材时，虽然他拥有的客户数目不少，但每个客户的订货量不大。后来他发觉原来是客户因受到资金的限制而无法大量地购买他的产品。为此他经过仔细思考，建议客户加强用料计划，在材料使用完前几天内补货而不必大量储存，这样可以加速资金周转。客户采纳了他的建议后，果然节约了资金占用，加速了资金周转，终于能大量地采购他的产品了。

陈刚的一位客户——一家专卖店的老板曾这样说："今天早晨在陈刚来访问我之前，已经有 10 多个推销员来过了。他们一味地宣传他们的产品有多好，让我看样品，跟我谈价钱，我都把他们给撵走了。然而，当陈刚告诉我商品陈列的技巧时，我宛如呼吸到新鲜空气，这真让人高兴。"

有一位厂长，多年以来一直在为成本的增加而烦恼不已，原因是该公司购买了许多规格略有不同的特殊材料，且原封不动地储存。如何才能帮助客户把成本降下来呢？为此陈刚琢磨了好久。有一次，他去访问一家与该五金厂无直接竞争关系的客户时，从那儿获得了思路。当他再次来拜访五金厂厂长，他把自己的构想详尽地谈出来。厂长听后大受启发。这样，陈刚又多了一位忠实客户。这样的例子还有很多。

总结自己的推销经验，陈刚深有感触地说："顾客才不管你是谁，顾客只关心自己的问题能不能得到解决！因此，我不是在推销产品，而是在推销问题的解决办法！如果你能找到为顾客解决问题的办法，你就成功了！"

"我不是在推销产品，而是在推销问题的解决办法！"说得多好啊，真是说到了问题的根本。

很多时候，在解决问题之前，我们会犯以下一些错误，导致我们根本不可能解决问题：

——大家互相推卸责任，而不能真正地解决问题。

——没有确定问题是什么就开始解决问题。

——把解决某个问题的方法作为解决该类问题的金科玉律，而不知道变通。

而在另外一些时候，我们为事物的表象所迷惑，而看不到事物的本质，结果也是没有办法解决问题。

譬如上面案例中谈到的许多蹩脚的推销员，只知道大肆吹捧自己的商品有多好，价格有多低廉，而没有像陈刚那样，深入分析顾客心理，了解"顾客才不管你是谁，顾客只关心自己的问题能不能得到解决"这一本质问题。

①判断差异：在解决问题前，要弄清楚问题双方对问题的理解是否有差异，有时候问题的表述方式不同会造成对问题理解的差异。

②全面思考：找出与你面临的问题相关的主要人和事，并一一理出哪些是与该问题最相关的人和事，哪些次之，哪些与问题的相关性最小。

③换位思考：如果你的问题与他人（尤其是有对立情绪的人）的相关性很大（而不是像自己做产品研发，个人出了技术难题，与他人无关），那么很多时候除了全面思考外，你还需换位思考。因为问题双方往往只关心自己的利益，因而会对问题的看法有所不同。就像上面案例中表述的一样，许多推销员只考虑到如何赚到客户的钱，而客户只考虑如何解决自己的问题。这时，你只要站在对方的角度去思考，问题往往就会迎刃而解。

④理出要因：如果你没有想出至少3种可能导致该问题的主要原因，那么这表示你没有深入地思考过该问题，反之，表示你基本上找到了问题之所在。

⑤抽象出问题的本质：很多时候，对一些比较棘手的问题，还需要将具体问题"抽象化"。譬如，有人要买钻头，而你店里没有钻头，那你可以将这个问题抽象化——对方买钻头，就是为了要利用该工具在某个地方钻洞，因此我们可以将对方要买"钻头"抽象为买"钻洞"。如果你的店里有锥子之类的工具，何不向他推荐试试呢？买卖双方谈不拢，很多时候就是"利"这个字没有落到平衡点。往往越难解决的问题，越需要对问题抽象化后再去寻找其解决办法。

◎ 问题真正需要解决吗

某小吃店一天进来 A、B 两位顾客，要了两个小菜后，他们就低头吃起来。

"服务员！过来过来，你们的这菜是怎么炒的？"吃完饭准备结账时，A 顾客面无表情地叫道。

"怎么了？我们的菜是没什么问题的！"一服务员板着脸过来回答。

"什么没问题，你吃吃看，咸得下不了口！"A 顾客发起火来。

"怎么会呢？"又有一服务员过来帮腔。

结果双方大吵起来，其他桌子上的顾客都盯着这边看。

最后结算时，顾客没有为他们称之为"咸"的那个菜埋单。

"咦，我没有觉得那菜咸呀，你觉得很咸吗？"走了不远，B 顾客问 A。

"我也没觉得咸啊！不但不咸，而且还非常好吃！"A 顾客回答。

"那你为什么说别人的菜咸，还跟别人吵了一架？菜钱也没给！"B 顾客大惑。

"我最开始说过他们的菜咸了吗？其实我是想跟他们开个玩笑。我当时是想说'你们的这菜是怎么炒的？这么好吃！'其实是想逗他们玩，夸奖他们一下。谁知他们不解风情，对我板起了脸，好像要跟我打架！"A 悠悠地说。

"你！我知道你爱开玩笑，可这玩笑……"B 顾客欲言又止。

"板脸还不算什么。你知道吗，就在第一个服务员过来跟我'叫板'的时候，我听到厨房里低低地传出一句话，'又碰见一个白痴了'，当时就给我气坏了。我想这些人咋这么不懂事，开个玩笑都不行。既然玩笑开不成，那当着那么多顾客的面，我只有假戏真做了。所以后来我就责怪他们的菜很咸而拒绝付钱！"A 顾客笑着说。

这 A 顾客也真是"变态"，开这种玩笑！但生活中就是有这样的人，你怎么办？

问题是那些服务员也真沉不住气，还没弄清楚问题是什么，就把一个本不是问题的问题当作问题了：又是板脸，又是说客人白痴，逼得那"变态"顾客不得不发火了。

有些人并不真的希望他们的问题被解决，而只是一种情感的发泄而已。

对于一些仅仅是纠缠于一些细枝末节的问题，实际价值不大，因此不需要去解决。

解决一个问题可能会带来三个新的问题，如果你一时没有找到解决这些新问题的办法，那暂时不要解决当前这一问题。

解决这个问题可能带来很多其他的副作用，如果其副作用比解决这个问题还大，那么这个问题也就没必要解决了。

◎ 打破思维定式，解决棘手问题

很多时候，我们往往会遵循某些思维定式，结果没有办法解决那些比较棘手的问题。如果换一个角度，换一种思维方式，问题很有可能就迎刃而解了。因此，在工作中，当遇到一些比较棘手的问题时，不妨跳出常规思维，寻求一些非常规的解决办法。

比如，在一个玻璃杯中装满了水，不准倾倒杯子，不能用勺子，也不许打碎杯子，请用什么方法能将杯中的水全部取出？答案有很多种：用吸管吸出，用毛巾蘸出，用酒精灯在杯底加热将其蒸发出来……

这就是一种典型的发散思维。发散思维又称多向思维、辐射思维，就是沿着不同的方向、不同的角度思考问题，从多方面寻找解决问题的答案的思维方式。因此，当工作中遇到一些困难时，你就可以用发散思维法，想出很多方法。

方太集团的创始人茅理群创业之初发明了一种电子打火枪，兴致勃勃地带到展会参展却无人理会。情急之下，茅理群想起巴拿马品酒会上"茅台溅地满堂香"的故事，于是他扮相滑稽，动作幽默地展示他的"作品"，结果吸引了越来越多的人围观，最终获得了成功。

这是类比思维的典型例子，即借鉴其他看似与自己毫不相关的问题的解决办法，解决自己的问题。我们小时候读过的鲁班发明锯子的故事（鲁班攀登悬崖，他抓住一根茅草一拉，手被划了一道口子，鲜血直流。定睛一看，原来是一根"齿"状的茅草，为此他想到把铁条的一侧做成齿状，这样就可以锯树木了），也是典型的类比思维。

某省新市长上任伊始，决定从主抓城市形象开始而点燃新官上任的第一把火。

如何提升城市形象？经分析，他决定首先改善公交系统：裁减冗员，整顿交通秩序，为全市公交系统司售人员统一定制四季制服。

消息一经传出，各服装集团公司蜂拥而至，大力公关。

S服装集团公司没有这样做。老总带领了一帮人马，每天坐出租，挤公汽，耗时10多天，专门调查该市交通问题。之后，老总将调查到的问题进行归纳，写了一篇题名为《我市交通问题调查报告》，通过熟人提交到市长办公室。

市长看到这份报告，顿觉豁然开朗，立刻让秘书找来该服装公司老总。市长就交通问题与他从早晨谈到下午，直至掌灯时分。临别之际，市长当场拍板，让该服装公司来全面制作这批公交系统制服。

这是一个典型的侧向思维的案例：该服装公司一改惯常的公关策略，而是另辟蹊径，用侧向思维走了一条非常具有创意的道路，最终获得了该订单。

侧向思维既不同于一般思维，也不是正好相反，而是从旁侧开拓出思路的一种思维。我们小时候读到的曹冲称象、司马光砸缸、草船借箭等故事，都是侧向思维的典范。

《庄子·齐物论》记载，有一个养猴的人，他用橡子喂食猴子：每天每个猴子早上三个橡子，晚上给四个。久而久之，猴子们不乐意了，纷纷造反。

怎么办呢？养猴者想了想，然后有一天早晨向众猴宣布：以后每天早上给四个，晚上给三个。猴子们听后欢呼雀跃！

这就是朝三暮四这个成语的由来。这是一种典型的迂回思维：当要解决的问题硬行走不通时，采用先退一步再进两步的方法解决问题。

尤其当某些问题相持不下时，不妨暂时先退一步（有时仅仅是变换一下手法），之后再进两步，就可以将问题解决。

尤克·沙里是一位老人，退休后，在郊区买了一间简陋的房子准备安度晚年。

还没有住上两个月，发觉外面发出"嗵、嗵、嗵"的响声接连不断。出门一看，原来是新搬来的几个小孩在院子附近把垃圾桶当足球踢着玩。

"小鬼，你们别闹了，再闹就找你们大人揍你们！"隔壁的老奶奶、大爷们纷纷大声训斥他们。

小家伙们根本不听，"嗵、嗵、嗵"的声音每天越来越大。

尤克·沙里实在受不了这些噪音，出去对他们笑着说："你们玩得真开心，我喜欢看你们玩得这样高兴。如果你们每天都来踢垃圾桶，我将每天给你们每人一元钱。"

小家伙们很高兴，更加卖力地表演"脚下功夫"。

三天后，老人忧愁地说："我的养老金没有及时收到，从明天起，只能给你们每人五毛钱了。"

小家伙们显得不大开心，但还是接受了老人的条件。他们每天继续去踢垃圾桶。

这样过了三天，老人又对他们说："我的养老金还是没有及时收到，对不起，每天只能给两毛了。"

"两毛钱？"一个小胖子满脸不悦。"我们才不会为了两毛钱而浪费宝贵的时间在这里表演呢，不干了！"

从此后，老人又过上了安静的日子。

这是一个典型的逆向思维解决问题的故事。

　　所谓逆向思维，是指为达到一定目标，从相反的角度来思考问题，从中引导启发思维的方法。

　　除了上面的那个故事外，逆向思维的例子比比皆是。譬如某展销会上，促销美女都让大公司给租光了，某公司没有办法，于是请了一位满头银发的老太太。这位老太太慈眉善目，口齿伶俐，对产品的解说诙谐幽默，结果展台差点给挤塌了。美女展台前呢？一个人也没有！

魔鬼在细节

　　为无为，事无事，味无味。大小多少，报怨以德。图难于其易，为大于其细。天下难事必作于易，天下大事必作于细。是以圣人终不为大，故能成其大。夫轻诺必寡信。多易必多难。是以圣人犹难之，故终无难矣。

——摘自老子《道德经·六十三章》

　　小时候，我们在懵懂中憧憬未来时，都希望自己长大后能够做一番大事。为此当老师教导我们"一屋不扫，何以扫天下"这样的道理时，我们对这番说教嗤之以鼻。而走上工作岗位后我们才发现，其实每个人每天做的都是一些琐碎的事，尤其当你是新人时更是如此。

◎ 天下大事，必作于细

　　1972 年，美国总统尼克松访华，中美结束长达 22 年的对峙僵局。

　　尼克松访华期间，大小事项由周总理全面安排。尼克松发现，周恩来具有一种罕见的本领，那就是他对很多事都考虑得非常细。例如，周恩来总理在晚宴上为尼克松挑选的乐曲，正是他情有独钟的那首《美丽的阿美利加》。还有，头天晚上临时确定第二天去参观长城。待尼克松第二天登上车，发觉大雪后的北京到处冰雪覆盖，而通往长城的道路干干净净。这些事给尼克松留下了非常深刻的印象。

不单是尼克松访华这件重大的事情上体现了周总理办事讲求细节，他注重细节的故事还很多。有一次，北京饭店举行涉外宴会，周总理在宴会前了解饭菜的准备情况。

"今晚的点心什么馅？"他问道。

"大概是三鲜馅的吧！"一位工作人员答道。

"什么叫大概？究竟是，还是不是？客人中间如果有人对海鲜过敏，出了问题谁负责？"

周恩来总理做事非常精细，同时对身边工作人员的要求也是异常严格的。他最容不得"大概"、"差不多"、"可能"、"也许"这一类的字眼。

因此，不要认为伟人、名人就是一天到晚在做这样那样的战略决策，很多时候，他们就是在考虑大事之中的小事。周总理让人敬佩的不仅是他的胆识和谋略，他那种注重小事，成就大事的风范，更值得我们学习和借鉴。

享誉全球的华裔建筑师贝聿铭，在晚年回忆自己的设计生涯，他认为自己设计最失败的一件作品是北京香山宾馆。

贝聿铭在设计香山宾馆时，除了对宾馆里面进行了精巧的设计，而且还对其外在环境进行了仔细规划：每条水流的线路流向、水流大小、弯曲程度有精确的规划；对每块石头的重量、体积的选择，以及什么样的石头叠放在何处最合适等，都有周详的安排；对宾馆中不同类型的鲜花摆放位置、数量，随季节、天气变化需要调整不同颜色的鲜花等，都有明确的说明……

但是工人们在建筑施工的时候，对这些细节毫不在乎，根本没有意识到正是这些细节体现出伟大建筑师的独到之处。他们随意改变水流的线路和大小，搬运石头时不分轻重、形状，石头的摆放位置也是随随便便。

看到自己的精心设计被"二次创作"成这个样子，贝聿铭痛心疾首。这家宾馆建成后他再也没有去看过，他认为这是他一生中最大的败笔。

设计工作就是在细微之中见功夫，但我们的施工人员却拿细微之事不当回事，把一桩匠心独具的设计给毁了。

有感于国人办事不认真、细致，新文化运动的倡导者胡适先生80多年前曾写过一篇颇具辛辣的短文《差不多先生传》。

你知道中国最有名的人是谁？

提起此人，人人皆晓，处处闻名。他姓差，名不多，是各省各县各村人氏。你一定见过他，一定听过别人谈起他。差不多先生的名字天天挂在大家的口头，因为他是中国全国人的代表。

差不多先生的相貌和你和我都差不多。他有一双眼睛，但看的不很清楚；有两只耳朵，但听的不很分明；有鼻子和嘴，但他对于气味和口味都不很讲究。他的脑子也不小，但他的记性却不很精明，他的思想也不很细密。

他常常说："凡事只要差不多，就好了。何必太精明呢？"

他小的时候，他妈叫他去买红糖，他买了白糖回来。他妈骂他，他摇摇头说："红糖白糖不是差不多吗？"

他在学堂的时候，先生问他："直隶省的西边是哪一省？"他说是陕西。先生说："错了。是山西，不是陕西。"他说："陕西同山西，不是差不多吗？"

后来他在一个钱铺里做伙计；他也会写，也会算，只是总不会精细。十字常常写成千字，千字常常写成十字。掌柜的生气了，常常骂他。他只是笑嘻嘻地赔小心道："千字比十字只多一小撇，不是差不多吗？"

有一天，他为了一件要紧的事，要搭火车到上海去。他从从容容地走到火车站，迟了两分钟，火车已开走了。他白瞪着眼，望着远远的火车上的煤烟，摇摇头道："只好明天再走了，今天走同明天走，也还差不多。可是火车公司未免太认真了。八点三十分开，同八点三十二分开，不是差不多吗？"他一面说，一面慢慢地走回家，心里总不明白为什么火车不肯等他两分钟。

有一天，他忽然得了急病，赶快叫家人去请东街的汪医生。那家人急急忙忙地跑去，一时寻不着东街的汪大夫，却把西街牛医王大夫请来了。差不多先生病在床上，知道寻错了人；但病急了，身上痛苦，心里焦急，等不得了，心里想道："好在王大夫同汪大夫也差不多，让他试试看罢。"于是这位牛医王大夫走近床前，用医牛的法子给差不多先生治病。不上一点钟，差不多先生就一命呜呼了。

差不多先生差不多要死的时候，一口气断断续续地说道："活人同死人也差……差……差不多，……凡事只要……差……差……不多……就……好了，……何……何……必……太……太认真呢?"他说完了这句格言，方才绝气了。

他死后，大家都很称赞差不多先生样样事情看得破，想得通；大家都说他一生不肯认真，不肯算帐，不肯计较，真是一位有德行的人。于是大家给他取个死后的法号，叫他做圆通大师。

他的名誉越传越远，越久越大。无数无数的人都学他的榜样。于是人人都成了一个差不多先生。——然而中国从此就成为一个懒人国了。

鲁迅先生也曾经说过：中国四万万的民众害着一种毛病。病源就是那个马马虎虎，就是那随它怎么都行的不认真态度。

如今，"差不多先生"还是处处可见，有时还长得像你和我。

海尔总裁张瑞敏说：什么是不简单？把每一件简单的事做好就是不简单；什么是不平凡？能把每一件平凡的事做好就是不平凡。

◎ 细节执行"5化"

东京某贸易公司客户服务部美智子小姐专门负责为客商购买车票。有一段时间，她常给德国一家大公司的商务经理购买往返于东京、大阪之间的火车票。不久，这位经理发现每次去大阪时，他的座位总在右窗口，而返回东京时，他的座位又总在左窗口。于是，有一天他好奇地询问美智子小姐其中的缘故。

美智子小姐笑着回答道："车去大阪时，富士山在您右边，返回东京时，富士山在您的左边。我想外国人都喜欢富士山的壮丽景色，所以我替您买了不同的车票。"

德国经理听后大为感动，他马上把对这家日本公司的贸易额翻了番。他认为，在这样一个微不足道的小事上，这家公司一个平凡的职员都能够想得这么周到，那么，跟他们做生意，还有什么不放心的呢？

美智子小姐完全可以不管座位在窗户的左边还是右边，只需每次帮客户买到一张车票就够了。但她不是这样，她不仅帮客户买到了车票，而且还用心地考虑客户的感受，每次帮其买到利于观赏富士山风景的座位。

或许我国公交战线上的劳动模范李素丽的话是这个故事的最好诠释：认真做事只能把事情做对，用心做事才能把事做好！

①方案周密化：在计划一件事情时，先抓住问题的核心，再就其边缘问题进行考虑。如多人参与，应改让大家各抒己见，最后综合大家的意见，形成周密的执行计划；

②体现人性化：在做一件事情时，其细节设计完备与否，很多时候体现在是否让对方感觉非常人性，让其感觉"物超所值"、"喜出望外"（如同上面案例中的美智子小姐，她不仅仅是为客户买一个座位，而且还为其买到一片风景）。对老板，它是员工价值观的体现；对客户，它是企业文化的体现；

③执行军事化：很多事情可能并不是开始没有计划，而是在计划执行的过程中以"五折"、"八折"给"甩卖"了。因此，一旦确定的执行方案，除非出现重大异常情况，因该不折不扣地，如同军事命令一样执行下去；

④事后反馈化：事情完结后，应该对事情进行总结，挖掘那些计划中没考虑到的地方，及执行过程中出现的问题，在下次同样的事情中对原来的方案进行修正，以规避同样的问题重复出现；

⑤成为制度化：一件事情在反复执行的过程中，如确定切实可行，就应该将其流程化、制度化，这样在以后的工作中就可以有章

可循。此外，还应不断地挖掘新的细微事项，对现行制度进行适度修正。

最后，我们总结两句：人生无大事，因为所谓的"大事"都是由细小的事组成的；人生无小事，因为所谓的"小事"必将最终影响你的大事。

养成高效的习惯

"速度是 21 世纪的货币"，有人这样说。

"当今市场竞争不只是大鱼吃小鱼，而是快鱼吃慢鱼"，还有人这样说。

身处 21 世纪，我们感觉周围一切变化太快，总有些跟不上趟的感觉。为什么？机会有限，而竞争激烈，当你还在犹豫时，已经有人从你身边飞驰而过了。

为此，面对技术更新换代太快的 IT 业，世界首富比尔·盖茨说："微软离破产永远只有 18 个月！"

因此，身在职场，面对激烈的竞争，我们必须让自己快速高效地完成自己每天的工作。

◎ 分清工作的轻重缓急

张凯毕业于某大学计算机专业，现就职于某公司负责网络管理。有一天，顶头上司告诉他：接到有关主管部门的通知，公司网站上有部分内容表述不符合有关管理规定，要限期整改。并告诉他这项工作很重要，要他两天后将网站调整完毕。

到期上司一看：没改。上司非常生气，于是把他叫到办公室询问其由。

"公司正在进行局域网改造，我没有精力去更改网页，为此我正联系外面的单位给我们制作。由于工程太小，不容易找到单位"张凯说。

"网页不改动，行业管理部门找到公司把门都给封了，你把局域网改造了给谁用啊?" 上司满脸不悦。

"立即与服务器托管的企业联系，把网站先关掉!" 上司丢下一句话，走了。

结果到了当天快下班时间，网站依旧"照常"，上司追问他为什么还没有办理。

"托管企业的电话死活打不通，我也没办法……" 张凯说。

"立即放下手头所有工作，赶紧打电话联系，如果再联系不上，你现在就去对方公司一趟，不管找谁，都要马上把网站给我停了!" 上司拍着桌子对他大吼。

事后张凯感觉很委屈：如果上司一开始就把这些向它阐述得这么详细，他会准时把工作完成的。这样想他就完全错了! 其实，由于上司比较匆忙，或某些原因，他不可能将每一件事情的重要性在分配给你之前与你作一番重要性分析。因此，你应该培养职业的敏感性，学会自我分析工作的轻重缓急。

①分析工作内容：将你每天所从事的工作进行归类，明白你的工作职责包括哪几类性质的工作。

②分清工作的重要性：明白所有这些工作哪些最重要、哪些次重要，哪些只是一些例行性的工作，然后将所有类别的工作按重要性进行排序。

③分清工作的紧急性：按时间的宽裕度，分清工作紧急与否。

④确定工作的轻重缓急：依照紧急性与重要性两个指标，将工作分为四类，即 A. 紧急重要类、B. 紧急不重要类、C. 重要不紧急类、D. 不紧急也不重要类。每天先办完 A 类工作，然后是 B 类，接着是 C 类，最后是 D 类。

◎ 制订工作计划

李彦是力高公司的行政助理。每周五周会接收到下周的工作安排后，她都要花一刻钟左右的时间思考如何开展这些工作，然后将这些工作任务按周一到周五记录到桌子的小台历上。

如接到临时性的工作任务，她先分析一下这个任务的难度，要分几步来完成，然后再添加到小台历的某一页上。这样一是比较方便，二是这个台历就在她旁边，她随时可以看到，以督促自己按照进度完成任务。当天的事情完成一项，她就用红笔在后面打一个勾。这样可以比较进度安排与实际进度之间的差距，从而可以更好地调整工作进度。

上司多次夸奖她办事有条不紊，效率高，并正考虑提升她为行政总监助理呢。

计划告诉你要到哪里去，如何到那里去。而没有计划，那么你的工作将没有明确的目的与方向。

①每周、每日提前制定好工作计划：每周末下班前写下下周工作任务清单。清单按 A、B、C、D 四类工作从周一至周五开始排列，将一周的工作安排完毕。同理，每天下班前安排好第二天必须完成的 A、B、C、D 四类工作。

②不同的时间段处理不同性质的事情：摸索出自己每天上下午两个时间段什么时候工作效率最高，将这两个时间段用来处理 A、B 两类工作（当然，你的工作有可能需要其他同事共同配合，那么你要与其协商）；用其他时间处理 B、C 两类工作；利用零碎时间处理 D 类工作，利用喝茶、短暂休息时间整理资料、文件等。

③自我监控工作的进度：每天上午下班前及下午下班前一小时检查自己的工作完成情况，及时调整工作进度，以保证每天完成既定的工作任务，没完成就自己加班直至完成。

当然，有时会出现一些临时性的工作，那么你分析属于 A、B、C、D 那类工作，决定是否插入当日工作，以及插入到哪个时间段。

在前面的案例中，张凯没有将上司临时安排的 A 类工作（整改网站）即刻处理，而一直办理 C 类工作（局域网调整），结果挨了批评。

◎ 改良工作方法

世界首富比尔·盖茨先生平时是如何工作的呢？在接受美国CNN采访时，他讲述了在信息流日益增长的今天成功保持很高工作效率的秘诀。

他说他的工作风格从他当年创立微软公司到现在已经发生了根本性的改变，他已经变成了"数字化风格"的工作方式。

为了迅速浏览信息，他每天监控着3台并排而放的电脑：左边一台电脑显示的全是电子信息列表，中间一台显示的是其中一条信息的全文，右边一台是浏览器窗口。这样一来，他就可以很快将看过的某段内容输入浏览器的相应地址栏，而不用关闭他正阅读的文本。

他平均每天只能阅读大约上百条重要信息，为此他让公司使用万能过滤器来满足这一要求。此外，他总是要求把信息按重要性程度分门别类，这样他就不会忘记重要项目或最近安排的会晤。

他用"一本通"程序把自己所有的记录以数字化方式保存起来。在与公司员工一起研究某个项目时，他喜欢使用 Share Point 软件系统，原因是该系统能快速展开信息站点，从而确保使用者和工作组之间有效协作。

他每年安排一次"思考周"，在这7天中他不上班，专门研究公司员工寄给他的上百份文件。这些文件提的一般是关于微软公司未来发展和世界信息技术发展前景的问题。

看见了吧，我们的盖茨先生是通过这些方式提高他赚钱的速度的。

①熟练运用辅助设备：一切靠手的时代已经过去了，要想跟进时代的步伐，就必须熟练运用各种与工作相关的辅助设备，如电脑、复印机、传真机等。电脑的熟练运用还包括能够使用与工作有关的各种软件，因为你没有它写得快、画得快、想得快、算得快。

②强化核心技能：对于你的核心工作，你应当有意识地锻炼以提高你的完成速度。譬如说文秘，那么文字输入肯定是其核心技能，

为此她必须运指如飞，而不是时不时停下来修改录入错误；如果你是一个财会人员，你就应该学会盲打小键盘，准确而飞快地录入那些成堆的数字。只有你的核心技能越高，你的工作才会越高效。

③减少等待的时间：很多时候，你可以同时进行两到三件事，就像我们看到许多影视镜头中的职业女性——一边给 A 客户发传真，一边给 B 客户打电话，还一边整理文件夹（而不是分别找三个时间来处理这三件事）。因此，你要思考哪些工作可以齐头并进，从而利用节约下的时间干别的。减少等待的时间还表现为要尽可能让人更换或修好那些必用的办公设备，要不你的时间就被那些破旧的机器吞没了。

◎ 改掉不良的小习惯

星星是某出版社编辑。因为工作的性质，她经常要坐在那思考如何修改手中的稿子。而一旦她要思考三到五分钟以上的时间，她就开始她十多年的坏习惯——修理手指甲。只见她一会儿剪剪右手指甲，一会儿又锉锉左手指甲。

对于这种坏习惯她非常忘情，等她的注意力回到正事上时，十多分钟已经过去了。她讨厌自己的这种坏习惯，但总是改不了。上司交给她的稿子，总是得一催再催才能完工。

这可能是一个比较极端的坏习惯。

有人说：成功是一种习惯。那么我们反过来说：失败源于一些坏习惯。一些看似不起眼的坏习惯而导致效率低下者大有人在。有许多人办公桌、文件夹、电脑里面的资料从来都没有整理清楚过，每次要某个资料，就得一切从头找起。原本他人 10 秒钟可以找到的文件，到他那就得三五分钟甚至更长时间。还有的人喜欢不时看表或看手机上是否有新的短信，不时上网察看是否有新的邮件等。

以上这些都是小而恶劣的坏习惯，但特别消耗时间。你是否有类似上述的或其他的坏习惯呢？你不妨找找看。那些不时出现而且影响你效率的事情，你都可以把这些看成坏习惯，想办法将其克服。

专业精进的3大途径

花脸猫憨憨这一段时间太郁闷了，因为它新发现的那帮老鼠太精明了：自从损失两员大将后，它们很快就熟悉了自己的出没规律，因此再也没有被逮住过。

"傻猫，就凭它那两下，还想吃掉我们，哈哈!"众老鼠在洞中哈哈大笑。

接连有几天，憨憨再也没有出现过。

众老鼠猜测：憨憨要么是给饿死了，要么是搬家了!

一天晚上，洞口外传来了悦耳的英文歌曲声。众老鼠一惊，纷纷竖起了耳朵仔细听。

这一听众老鼠都陶醉了：原来是鼠王在鼠类去年几近被灭种时，为了鼓舞士气，亲自编词谱曲并演唱的歌曲《老鼠爱大米》。

"谁将我们的歌曲改编成了英文版本，而且神韵十足，我们出去看看!"老鼠哼哼提议。

"出去看看，出去看看!"其他老鼠纷纷附和。

于是众鼠鱼贯而出，全部溜出了大门。

然而就在它们立足未稳时，一个大黑影猛扑了过来，将它们撂倒了一大片。

被按住身子的鼠首领聪聪挣扎着扭过头来一看，被惊呆了——原来是憨憨!

"哈哈，这年头，光会讲一种语言肯定是不行了。为了诱引你们出洞，我不但学会了英文，还将你们的歌曲改编成了英文版本!"憨憨得意地笑道。

有研究表明，随着时代的飞速发展，知识爆炸性增长。据粗略统计，20世纪前50年的研究成果已远远超过19世纪；而60年代科学技术的研究成果，则比过去2000年的总和还多。与此同时，知识老化速度加快。据调查，18世纪知识陈旧的速度为80~90年，近

50年缩短为15年，有的学科甚至缩短为3～5年。

因此，保持持续学习、终身学习的习惯，使自己的专业水准百尺竿头，更进一步，这既是个人的要求，更是时代的要求、竞争的要求。

除了我们前面谈过从工作中学习工作，以直接获得专业经验外，我们还必须通过许多别的途径学习以提高自己。

◎ 请教同事：学知识，交朋友

自从艾嘉到众行制衣公司后，她发觉首席技术顾问高正就没有正眼看过自己。工作之外，他几乎不与同事打招呼，或闲谈别的什么事情。为此艾嘉感觉每次见到他，都有些紧张。

有一次，艾嘉要赶写一份报告，但其中有一个专业问题，她实在搞不懂。左右张望，她发觉除了高正在斜对面坐着忙着自己的事情外，其他人都外出办事去了。于是她硬着头皮走了过去。

"请问，请问高顾问，我有一个专业问题想请教您。"艾嘉怯怯地说。

高正像发现了外星人一样地盯着她看了老半天，然后接过她手里的报告。

"哈哈，这个简单。你坐下，坐下我给你讲！"高正和颜悦色地对艾嘉说。

从那以后，艾嘉经常向他请教问题，高正都很有耐心地给她讲解。

"我哪有他们想象的那么严肃，只不过不爱讲话罢了！"有一次高正笑着对她说。

工作中，你可能会发现总有那么几个同事让你感觉很难接近。如果想接近他们，最好的办法是真诚地向他们请教某些问题，因为在某种程度上，人都有好为人师的毛病。如果你请教同事，很有可能既学到了知识，又交到了朋友。

◎　进修或参加专业培训

"太精彩了，专业就是不同凡响！"在周末的例会上，到北京接受销售培训一星期后回到公司的刘达给同事分享自己的培训心得时这样感叹。

"从前我认为销售就是卖东西，培训后我才知道，销售原来还有这么多门道，这是我从来没有想到过的！"刘达在向公司新进的业务人员"传道"，"一个商品的价格，譬如说咖啡，如果买回家里自己煮着喝，它是一个价格；如果到路边小店购买，又是一个价格；如果去星巴克，它又是一个价格……为什么？"

看样子刘达确实在培训中学到了东西，要不他不会那样眉飞色舞。

前面我谈到，工作是最好的学习，并就一些人对进修、培训的盲目追求持否定态度。但这不是说进修、培训不重要，只是不要将工作与充电对立起来，不要本末倒置。

当前，大一些的公司对员工都会有系统的、持续的培训。有许多公司为了培训员工，采用与大专院校合办培训班，将专业讲师请到公司授课，甚至建立自己的管理学院以培训员工等多种形式，目的无非是为了不断给员工"充电"，以应对激烈的竞争。

因此，当公司给予你这些培训机会时，一定要好好珍惜，不可轻易错过。

而对一些比较小的公司，这种培训机会就可能比较少，那么你可能需要自掏腰包去接受一些比较专业的培训，以胜任当前或未来更高的职位，譬如许多职场人士纷纷参与 MBA 等学习，目的就是为了向未来更高的职位挑战。

◎　开卷有益

崔慈芬，享誉台湾的资深女主播，几度荣获台湾最佳电视主播称号。谈到自己的成长经历，她认为时刻保持一颗学习的心非常重要。

　　她认为丰富的社会生活、繁忙的工作是学习第一来源。通过对生活的感悟、总结，她获得了个人的飞速成长。为了进行更系统的学习，她曾两度放弃工作去读书：一次到美国，一次是到内地。

　　此外，崔慈芬还有一个多年养成的习惯，那就是不管有多忙，每周至少要看一本书。现在她同样这样要求自己的孩子。所以，每次回台湾，她感到最愉快的一刻便是选一个晚上和全家人一起到一家24小时开业的书店看书、选书。为此，她被人称为"狂热的学习分子"。

　　"学习可以让一个人年轻7岁！美国人做过一个研究，结果发现，学习一门新知识可以让一个人年轻7岁！"崔慈芬绽放她那迷人的微笑对采访者说。

　　通过研究一些成功人士的性格爱好，我发觉他们中的许多许多人都喜欢在繁忙的工作中抽一点时间看书，以指导自己的工作，以培养自己的情趣。毛泽东一生纵横捭阖，毛泽东一生手不释卷。而我们中有多少人，自从离开校园后，就再也没有认真看完一本书呢？还有一些人，他们认为看书没有用，因为他们觉得生活与工作中的许多事和书本中写的不一样，因此看书是浪费时间。这是对读书的一种误解。

　　其实，书本对一个人来说，很多时候只是扩大你的知识面，给你工作方法上的一些指引，而不是现成答案，让你拿来就能运用，起到立竿见影之效。

　　人生有很多问题都没有固定的答案摆在某个位置等你去照搬，一切的一切外力都只是起引导作用，解决任何问题都得靠自己去悟。

　　要系统地看一些书，可以从以下一些方面着手：

　　①专业类书籍杂志：每个行业都有一些被奉为圭臬的书籍、杂志。结合自己的能力，多多研习一些这方面的资料，对加强自己的专业广度与深度将会大有裨益。

　　②经营管理类书籍杂志：阅读一些营销、管理、经济等方面的大众类书籍、杂志，以了解当前的一些经营管理动态。

　　③社科类书籍杂志：阅读一些哲学、心理学、交际、口才等方

面的书籍、杂志，以扩大对社会的认知，积累自己的口才，将有利于自己的人际交往。

④励志类书籍杂志：阅读一点名人传记方面的书籍、杂志，给自己的人生旅途一些滋润与激励。

⑤个人偏好的书籍杂志：为了保持个人偏好，阅读一些自己喜欢的书籍杂志，譬如有的人是发烧友，有的人是爱车族，有的人是股票迷等，那就可以看一些自己偏爱的内容，作为侃大山时的作料。

最后，无论以何种方式学习，我们必须注意两点：

一是与工作融会贯通：你应当将你个人的学习、积累与当前的工作紧密结合，思考如何将你学到的知识运用到你当前到工作中去，使知识与工作融会贯通。否则，即使你学的东西再多，可是对你的工作毫无帮助，那学习有何意义？当然，有时你所学到的知识可能并不能对你当前的工作产生立竿见影的效果，甚至有时感觉与当前的工作产生冲突，理论知识更是如此。因此，你要懂得将你学到的一些东西灵活变通，然后再运用到工作中。

二是与职业生涯规划紧密相结合：必须使你个人的学习、积累紧密配合你的职业生涯规划，否则，你的学习只是浪费时间，而不会对你当前的或未来的工作产生什么作用。

之所以要把我们的学习与自己的职业生涯规划相结合起来，是因为在工作中，我发现这样一个现象：许多大学毕业不久或毕业两三年的职员，总爱在空闲时抱着一本英语方面的书在那里有一搭没一搭地看。问他们看英语书做什么？他们会说，没事瞎看呗。

倒不是说英语书没用，而是说为了紧密配合个人当前职业生涯规划，应当多看与职业方面有关的专业书、社科类书籍，为未来的职业发展打下良好的专业基础。如果英语对你当前没有什么用处，为什么不暂时放在一边呢？

因此，我们平时的学习、积累一定要学以致用，以增强自己的专业价值。否则，空有屠龙术，只能像本章前面所讲的哲学家一样，淹死在河里。

永远不做毛毛虫

著名科学家爱因斯坦为学生举行考试。

考卷发下来,学生们一致惊呼:"教授,您是不是拿错了卷子了,这不是去年的试卷吗?"

"没错,这是去年的试卷,但现在答案不一样了!"爱因斯坦笑着回答道。

唯物辩证哲学告诉我们,世界上没有静止的事物,万事万物时时刻刻都处于运动变化之中。不是吗?回想我们周围的人和事,几年前和现在一样吗?或许差不多我们每天都能见到这些人和事,所以我们似乎感觉不到其中的变化。而如果你一旦几年不见到这些人和事,有一天突然见到,你就会大大感叹物非人非了。

因此,我们应该以变化的心态,与时俱进,千万不可"以不变应万变"。

◎ 你变成"职场毛毛虫"了吗

法国心理学家约翰·法伯曾经做过一个著名的实验,称之为"毛毛虫实验"。他把许多毛毛虫放在一个花盆的边缘上,使其首尾相接,围成一圈,在花盆周围不远的地方,撒了一些毛毛虫喜欢吃的松叶。

毛毛虫开始一个跟着一个,绕着花盆的边缘一圈一圈地走,一小时过去了,一天过去了,又一天过去了,这些毛毛虫还是夜以继日地绕着花盆的边缘在转圈。它们一连走了七天七夜,最终因为饥饿、精疲力竭而相继死去。

导致这种悲剧的原因就在于毛毛虫习惯于固守原有的习惯、先例和经验。

后来,科学家把这种喜欢跟着前面的路线走的习惯称之为"跟随者"的习惯,把因跟随而导致失败的现象称为"毛毛虫效应"。

在自然界中，许多比毛毛虫更高级的生物身上，也有这一效应发挥着作用。人类很多时候也难逃这种效应的影响。比如，在进行工作、学习和日常生活的过程中，对于那些轻车熟路的问题，会下意识地形成路径依赖，即重复一些已有的思考过程和行为方式，结果往往麻痹人的创造能力，影响潜能的发挥。

在职场中，由于工作单位的环境、人际关系、工作压力，以及个人性格、家庭因素，再加上社会环境的压力，往往使得许多人患上职业倦怠症而变成了"职业毛毛虫"。

那么，你是否患上了职业倦怠症呢？通过下面的问卷，你不妨测试一下。

职业倦怠症测试问卷

①你是否感觉工作负担过重，常常感觉难以承受，或有喘不过气来的感觉？

②你是否感觉缺乏工作自主性，往往老板让做什么就做什么？

③你是否认为自己基本上待遇微薄，付出没有得到应有的回报？

④你有没有觉得组织待遇不公，常常有受委屈的感觉？

⑤你是否会觉得工作上常常发生与上层不和的情况？

⑥你是否觉得自己和同事相处不好，有各种各样的隔阂存在？

⑦你是否经常在工作时感到困倦疲乏，想睡觉，做什么事儿都无精打采？

⑧你是否以前都很上进，而现在却一心想着去度假？

⑨你是否在工作上碰到一些麻烦事时急躁、易怒，甚至情绪失控？

⑩你是否在工作餐时感觉没食欲，嘴巴发苦，对美食也失去兴趣？

⑪你是否对别人的指责无能为力、无动于衷或者消极抵抗？

⑫你是否觉得自己的工作不断重复而且单调乏味？

每个选题有三个选择答案：A. 经常，B. 有时候会，C. 从来不会。

评分标准：选 A 得 5 分，选 B 得 3 分，选 C 得 1 分。

结果分析：

12～20 分。很幸运，你还没有患上职业倦怠症，你的工作状态不错，继续努力哦。

21～40 分。你已经开始出现了职业倦怠症的前期症状，要警惕，请尽快调整，你需要对自己的职业状况进行反思和规划，以提升你的职业竞争力。

41～60 分。你很危险，你对现在的工作几乎已经失去兴趣和信心，工作状态很不佳，长此以往极不利于个人的职业发展，应该尽快寻求解决办法。

◎ 消除职业倦怠症

在朋友们的眼中，郝嘉是一个特别能"折腾"的姑娘。这个生活在四川的女子总让大家大跌眼镜，因为你实在不能将说话温柔、慢条斯理的她和那个常常跳槽、独自出游的不安分形象结合起来。

"工作—旅游—工作—旅游"，四年来郝嘉就是按照这个时间表来进行的。

每当结束了一家公司的工作，郝嘉便给自己放假，出外旅游，短则一两个月，长则达一年。

郝嘉说，这是她梦想中的工作生活方式：对待工作，她既可以在工作时尽情投入，又可以在特别不想工作的时候抽身而出。

如此收放自如，怪不得这个小女子乐此不疲了。

对于"上有老，下有小，还有房款欠不少"的多数上班族来说，可能不能像故事中的郝嘉那样活得潇洒，更不要说放弃工作重返校园读几年书什么的。

"人生而为劳动，犹如鸟生而为飞翔"，著名心理学家弗洛伊德曾这样说。因此，如果一时患上了职业倦怠症，工作可能还得工作，只是要尽快找到克服的办法。

如何消除职业厌倦综合症呢，我们不妨采用以下一些办法：

①对倦怠症有正确的认识：在工作压力之下所出现的负面反应并不是个人能力差的表现，而是可能人人都会体验的正常心理现象，因此不必紧张和烦恼。

②调控情绪、分析原因：职场倦怠时，会心情压抑、郁闷、心烦。因此，应努力先把心理压力尽可能释放出来。比如找好友聊天，听音乐，看影视剧，去郊外呼吸新鲜空气，或做运动。待心情比较清醒后，再仔细分析，找出倦怠的原因所在。

③对症下药：如果工作负荷太大，想出一些办法提高自己的工作效率，或主动与上司沟通，希望减轻部分工作；如果薪资与岗位不足以回报你的能力，那么找机会与上司面谈；如果同事人际交往所致，则想办法积极主动疏导紧张的人际关系。

④保持身体健康：如发现身体有慢性疾病，应抓紧治疗，尽快早日康复。

⑤饮食与睡眠：保持合理饮食以及足够的睡眠时间，不要总打疲劳战。

⑥调整工作方式：适度打乱单调乏味的工作节奏，改变一些工作方式。

⑦阅读书籍杂志：阅读一点名人传记、"心理鸡汤"方面的书籍、杂志，使自己心胸变得更加开阔。

⑧让体育锻炼、郊游习惯化：体育锻炼、短期旅游是消除职业厌倦综合症的良方，保持体育活动或约朋友到郊外旅游的习惯。

⑨定期聚会：与亲朋好友聚会，享受美食与愉悦的放松节目，与他们进行倾诉和沟通。

当然，如果有较严重的职业倦怠症，可以为自己设立个治疗过程，比如将复杂的工作分解成几个小部分做，给自己定每天的工作目标，安排放松和休息的时间等。如果还不行，那么立刻取消所有事情，请假给自己一段时间静心放松。

日本经营之神松下幸之助在他 77 岁的喜寿会场上，吐露他永葆青春的两大秘诀：一是以单纯的想法和淳朴的心看事情；二是喜欢工作。

既然我们必须工作，那么只要再掌握一些驾驭它的技巧，经受住它的考验，成为工作的主人，便一样能够喜欢工作，乐在工作，使工作为我们心灵的健康造福。

第 **4** 堂课

资本与"知本"

——读懂你的老板

老板绝对不会有错。

如果发现老板有错，一定是我看错。

如果我没有看错，一定是因为我的错，才让老板犯错。

如果是老板的错，只要他不认错，他就没有错。

如果老板不认错，我还坚持他有错，那就是我的错。

总之老板绝对不会有错，这句话绝对不会错。

到企业做培训时，经常有朋友私下在我面前抱怨，说打工不是人干的事，好不容易混到一个不错的位置，一不小心，惹得龙颜大怒，就得卷铺盖走人了。

"伴君如伴虎呀！"有人这样长叹。

"你了解老板们的个性吗，你思考过他们的思维模式了吗，你读懂了老板与员工关系背后所蕴含的劳资双方的深层次含义了吗？"我这样反问他们。

"这些，有时考虑过一点，但是不多！"他们这样说。

"研究你的老板，读懂你的老板，你会做得更好！"我这样鼓励他们。

其实，身在职场，要想从普通到优秀，从优秀到卓越，除了遵守前面所谈到的做人的基本准则、做事的主要方法外，还必须读懂你的老板。读懂了老板的经营哲学，读懂了老板的思维模式，你才算读懂职场的根本。

老板是一群什么样的人

第一条，老板永远是对的；第二条，如果老板不对，请参照第一条。

——某资深经理人心得

老板们到底是一群什么样的人？我的回答是：老板不是人，他们是一群特殊的动物。如果把世界跨国大公司比作狮子，那么在商战中厮杀出来的本土公司就是土狼。海尔的张瑞敏、联想的柳传志、华为的任正非、长虹的倪润峰、TCL 的李东生等，就是这些土狼中的杰出代表。

◎ 老板的普遍个性

他曾是一个一无所有，形同乞丐的打工仔，如今却成了亿万富翁。他的名字叫刘延林。

1964 年，刘延林出生在四川省广安县恒升乡果子村。由于家贫，10 岁时，他才跨进村里小学读书。小学没读完，14 岁的他就辍学了。

失学后的刘延林为了找饭吃，跟着姨夫到了河南一家砖瓦窑上打工。身高不到 1.5 米，体重 30 多公斤的他，在砖瓦窑上干完一天下来，累得腰酸背痛，一连几天躺在床上不能动一下。就这样度日如年，好不容易盼到了年终，姨夫给了他 70 元钱的工钱。对于从来都没有看到这么多钱的刘延林来说，简直是一笔巨大的财富。怀揣这笔巨款，他衣锦还乡回家过年了。

1980 年，在福州当了两年建筑小工的刘延林回到了家乡。他准备利用在外学到的东西，回家乡干一番大事业。他借钱买了个摩托车，开始做起了养鸡、养鸭、贩卖猪肉的生意。那时他什么也不懂，有的只是一股勤奋。他每天起早贪黑，奔波于山间小道上，结果生意没做起来，反倒欠了几千元的债。

1982 年，为了躲债，更为了挣钱还债，刘延林准备再次外出打工。他听人说广东经济发展很快，于是决定到那里去碰碰运气。身无分文、欠债而名声扫地的他连去广东的路费都没有。无奈之下，他到山坡砍了一棵树，悄悄拖到街上卖了 9 元钱，作为仅有的路费。

耗到广州时，刘延林已是又困又饿。身无分文，举目无亲的他就这样硬撑着在广州街上转悠了两天，最后被广州市郊一家机砖厂招用，当起了烧窑工人。他用勤劳和智慧取得了老板的信任，老板让刘延林当砖瓦厂经营厂长，用现在时髦的话来说就是砖瓦厂CEO，一月下来可以提成五六百元。半年后，他将欠下家乡亲戚朋友的钱一笔笔还清了。

1985年初，淡水镇有一家砖厂濒临倒闭，老板急于卖掉而到处找买主，因此开价很低。刘延林听说后动心了，但苦于钱不够，最后好不容易说服了两老乡合伙办厂，刘延林被推举为法人代表。就这样，21岁的刘延林就这样当上了小老板。然而，由于销路不畅，砖厂很快就陷入了困境。半年后，账上的赤字已有2万多元。合伙人急了，一致要求退出。刘延林咬咬牙一个人背起了全部债务，他决定豁出去了。半年后，改革开放的浪潮席卷到了淡水，一些跨国大企业陆续在此落户。在这些大项目的带动下，淡水的建筑业一下子红火了起来，刘延林的砖厂跟着也活了起来。到1988年底，他的砖厂纯利已达200多万元。

在经营砖厂的同时，刘延林进一步寻找新的机会。他感觉淡水的地理位置十分特殊，距广州、深圳、香港、澳门都近在咫尺，早晚会成为国际化的大市场。于是他倾其所有，买下几百亩地，按当时的地价，他每平方米平均仅用了17元。

半年后，淡水的房地产开始升温。又过了几个月，惠阳县城迁到了淡水。淡水地价一路狂飙，每平方米高达2000元，黄金地段甚至创下过每平方米过万元的峰值。思前想后，刘延林觉得房地产风险太大，难以把控，不如脚踏实地，干实业。他在自己的土地前筹划了很久，最后留下自己准备安排使用的几处，其余的都卖了。就这样一进一出，他的身价一下翻了上千倍！

如今，川惠综合大楼、川惠住宅楼、川惠工业区，以及高39层、投资1.2亿的川惠大厦拔地而起。公司属下还有建筑材料公司、建筑工程公司、高科技开发公司、鞋业公司、汽车修配厂等实体。

刘延林富了，富得让人炫目。刘延林以《28岁成为亿万富豪》为题出版自传，全国人大常委会副委员长布赫欣然题字："中国第一打工仔"。

老板是什么样的人呢？刘延林的故事给我们做了很好的注解。在培训咨询工作中，通过与一些老板打交道，我发现可以用几个字来概括他们的个性：敢想、敢干、敢挑战！

①敢想：他们曾身处低微，但却不甘于平庸，时时在黑暗中寻觅星光，是为敢想。

②敢干：他们不犹犹豫豫，瞻前顾后，认定了就是舍了性命也敢往前冲，是为敢干。

③敢挑战：他们思维灵活，忍辱负重，不达目的誓不罢休，是为敢挑战。

◎ 老板不是万能的

日本某企业为了向欧美学习更先进的技术，于是派了一名技术骨干到欧美国家去考察。半年后，游历了欧美一大圈的该技术骨干回来了。一番掌声之后，该企业高层全部都瞪大了眼等待他给大家报告欧美技术。

"……历时几个月进行考察，我发觉那些所谓的欧美大企业，其实问题很多，比我们自己的还要多，比我们想象的还要多得多……"

"那他们的可取之处呢？"董事长问道。

"很遗憾，我没有发现他们有什么可取之处！"该企术骨干回答。

"你这个混蛋，千挑万选，把你选派到外面去考察，让你研习别人的先进经验，以进一步提高我们自己的技术水平。而你，你都做了些什么？考察回来的全是别人的缺点、错误、不足！这些对我们提高技术有什么用！"董事长高声痛斥该技术骨干。

第二天，该技术骨干就被开除了。

与此故事相反，还有一个非常著名的故事。

17世纪的俄国，虽然是一个地垮欧亚两洲的大帝国，但却十分贫穷落后，处于中世纪的黑暗和愚昧状态之中。为了改变这种落后的局面，当时统领俄国的、"体格健壮、性情粗野、残暴但却具有远大抱负"的沙皇彼得大帝在克服了国内强大保守势力的重重阻拦之后，于 1697 年 2 月率领了 250 人的浩大使团去西欧访问，以全方面地向他们学习。

为了不让他们的学习目的暴露而被这些国家拒之门外，他们向这些国家介绍他们是来观光的；为了不让自己的身份暴露，彼得大帝把使团的领导工作交由 3 位大使负责，自己则化名彼得·米哈依洛夫，以留学生的身份随团出访。

使团先后去了德国、荷兰、英国、法国、波兰等诸多国家，而彼得大帝则把自己作为使团中普通的一员：生火做饭，洗衣搭铺，全部自理。

他跟着师傅学习木工技艺，而且干得非常出色，之后又设法得到荷兰当局的允许，到东印度洋公司学习造船。为了学习英国的议会制度，真实了解英国君主立宪的运作程序，他偷偷爬到英国议会大厅的屋顶上观察、偷听……

回国后，彼得大帝雷厉风行地全面改革政治、军事、经济、文化等，以求革弊兴利，趋利避害，使整个国家面目一新。

为了排除一切阻力，他以铁的手腕以保证改革按计划执行。他不仅残酷镇压叛军和农民起义，而且将阻碍改革推进的姐姐索菲娅终身监禁于修道院，将儿子兼太子阿列克塞拘捕于狱中直至死去。

正如马克思所说："彼得大帝用野蛮制服了俄国的野蛮。"在他的铁血政策下，俄国一日千里，成为欧洲的新霸主。

之所以要举上面两个案例，是因为我跟一些老板聊天时，经常听到他们这样说："许多员工，不知怎么搞的，什么也不会，什么也不想会。大事小事都要跑过来问：老板，你看这个怎么弄，老板，你看那个怎么办？好像我是全能冠军，什么都会！其实许多事我都不会，而且会也没有时间去做啊！"

还听到一些朋友这样说：我看我们老板没有啥，他的那两把刷子我早看得清清楚楚；我们那老板，一天到晚稀里糊涂的；我们老板人事管理能力太差……

无论把老板当作"万能"还是"无能",其实这些员工都犯了同样一个错误:以为做老板就应该是万能的,否则那就不叫老板了。

其实,人各有所长,作为一个老板同样也有许多不足,否则,他招聘这样那样的专业人才干什么?他自己一个人全干了就得了。

但有一点绝对错不了,那就是你的老板有某一方面或某几方面绝对是非常优秀的,是作为一般人的你我一时所不具备的,否则,什么是你给他打工,而不是他给你打工呢?

因此,拿出你自己的智慧与魄力,踏踏实实地做好自己的工作,而不要一天到晚等到老板来帮你解决问题。抛弃你的幼稚想法,认真观察、寻找老板的"刷子"在哪里,并快速地向他学习。这是你快速成长的绝经!

想想为了沙俄万民之福祉而像小偷一样趴在他人屋顶学习他人长处的彼得大帝,他难道没有在学习西欧长处的同时发现他们的诸多短处?笑话!但是他忽略了。

打开你的胸怀吧,以"空杯之心",发掘老板、上司、同事,以及周围一切其他人的长处而忽略他们的缺点,向他们学习。这样,你才有可能赶上他们,超越他们。

◎ 老板情结你懂不懂

"小陈,今天要出一趟差,你陪我跑一下。晚上七点的飞机,抓紧时间准备一下!"老板说完,转身走了。办公室的人面面相觑,看看小陈,又看看小张。

随后几次出差,老板都让小陈跟班。

有一天,诸项事情办理完毕,在离开旅馆的前一天晚上,老板与小陈到楼下的星巴克喝咖啡。他们一边喝,一边听音乐,一边天南地北地侃大山。将近两个小时的消磨,老板感觉每一个细胞都舒展开来了。

"好,喝完这一杯我们就走!"老板一边接过小陈给他倒上的咖啡,一边望着他微微地点头。

"小陈，近些日子我突然让你陪我出差，你觉得意外吗？"老板眼波不兴地问小陈。

"这个，怎么说呢……"小陈欲言又止。

"不明白是吧？不光是你不明白，你们办公室的其他人也不明白，尤其是小张更不会明白！你可能知道，每次陪我外出的是小张，但这几次，我都没叫他！"

小陈没有插话，老板品了一小口咖啡，慢悠悠地接着说："你不知道，每次出差，他是老大，我得服侍他。我还没开步，他就竟走似的一个人跑到前面，让我一个劲地在后面撵他。他总是两手空空的，什么东西都不爱拿，恨不得我把他背着。一到旅馆，好家伙，我还没卸甲，他又是方便又是洗澡，等到我进去，还得先收拾半天才行。"

"这么多年了，他一直就这样，我也懒得提醒，倒要看看他什么时候能明白过来……其实，他人品没任何问题，工作也是没说的，只是……"

"小陈，你虽说来公司时间不长，但我早就注意到你了。不错，眼里有活儿！我喜欢！"

说完，老板拎起西服，离开了咖啡厅，留下小陈善后。

听到这个故事，你有没有觉得老板不够宽容，为小事而舍弃德才兼备的小张？

其实老板没有舍弃小张，只是他进入不了老板心灵最深处的那道门。

那么我们何以应对老板的心态呢？

①不要事事想着与老板论理：老板敢于创业，表明他性格中有较常人更大胆，更强硬，甚至霸道的一面。回想看看小时候经常把同村的那些小孩打得四散逃窜的孩子王，长大后许多成了各个领域的佼佼者。这表明许多人天生就是具有统领他人的能力，不管成"王"还是败"寇"，说不定你的老板就是小时的孩子王，因此，不要时时想与老板对话，希望与他理论公平之类的话题。

②不要处处抢老板风头：人性告诉我们，是人都希望比别人强，

古今中外，概莫能外。何况老板辛苦创业，终成正果，这进一步强化了那种"天下英雄，舍我其谁"的老板情结。只是有的老板张扬些，有的老板内敛些；有些老板量大一些，有的老板量小一些，但这种"老板心态"，绝大多数老板都不会少。

③不要时时想要尊严：中国千百年来的君贵民轻帝制文化沉淀，几千年来的心理定式，不是一时所能改得了的。老板作为你的衣食父母，在公司里他就是一个小小的"皇帝"。因此，除了能做事外，你还应顺从老板，体贴老板，服侍老板，而不可时时与老板要什么人格平等。你要知道，你的薪水，一部分来自于你的能力，一部分来自于你的态度。

如果你不理解，那可以作个假设：如果我是老板，我会怎么样？

我们的周围，有多少因为不懂得普遍的人性，不懂得老板的普遍心理，而在职场四处碰壁！

老板的思维模式

作为职员，首先你要充分了解你的老板，包括他的个性特点，他对待工作业绩的评判标准。

从企业的角度来看，是否加薪或者升职，取决于老板对你能力的认可。

能力包括两个方面：一方面是业绩，也就是具体的成绩以及你所掌握的业务知识等；另一方面是能力倾向，简单的可以理解成潜力，或许这才是老板之所以决定你下年度比这一个年度更值钱的原因。

——索尼（中国）公司人力资源部顾问　马思宇

作为老板，他是一家之主，因此很多时候，他的思维模式是与员工不同的。读懂了老板的思维模式，并学会适应与你有着不同思维模式的老板，那么在老板眼里，你就是一名不可多得的员工。

◎ 成本利润头等事

一位年轻人到一家公司去应聘。当他走进公司，走到接待前台时，看到离前台不远处有一张白纸，他于是弯腰捡起那张白纸，并把它交给了前台小姐。

结果，在众多的应聘者中，这位年轻人战胜了其他比他条件更好的人，成了这家公司的正式员工。

后来，老板告诉他："其实那张白纸是我们故意放的，那是对所有应聘者的一个考验——只有懂得珍惜公司财物的员工，才能给公司创造财富。"

我们再来看一个例子。

有一次，沃尔玛总裁山姆·沃尔顿到一家店面巡视，看到一位员工为顾客包装完商品后，顺手就把多余的半张包装纸和长出来的绳子扔掉了。

沃尔顿慢慢地走过去，把被扔掉的包装纸和绳子拾起来，微笑着对该员工说："小伙子，我们卖的货是不赚钱的，只是赚这一点节约下来的纸张和绳子钱，但你却把它扔掉了！"

不当家不知柴米贵，当了老板，就会发觉很多事都要用银子去打理。而一旦不注意节约，就会日益亏空。因此，经商办企业，如逆水行舟，不进则退。追逐利润、创造价值既是企业的使命，也是老板的天职。

"对于公司来说，赚钱就是氧气！"彼得·德鲁克说。

松下幸之助不无激愤地说："企业最大的罪恶就是不赚钱！"

怎么赚钱？一是节流，少支出花销；一是开源，多创造利润。

——在打印机和复印机旁一般设3个盒子，一个盛放新纸，一个盛放用过一面留待反面使用的，另一个盛放两面都用过可以处理掉的。

——在中午的休息时间或办公区长时间无人时，自觉关闭电灯及电脑显示器。

——一次性纸杯只能供客人使用，你作为职员应该自备水杯。

以上是节流的一些小技巧。如今，一些大公司提倡这样的节约精神：节约每一分钱，每一张纸，每一度电，每一滴水，每一克料……

至于开源，那就是利用你的专业价值想办法为公司创造利润。前面我们讲了很多心态、方法、技巧方面内容，其实一切的一切，归结为一点，都是想办法为企业多赚点，少花点。

所以，如果你的所作所为能够帮助老板捏紧左手（节流），放开右手（开源），多挣点钱，老板肯定对你非常赏识。

产品质量再搞好一点，你要理解。

市场再想办法扩大一点，你要理解。

广告预算再往下压一点，你要理解。

办公开支再紧缩一点，你要理解。

……

不吃不喝也要把事情办好。这个，你可能还得理解。

◎ "无所事事"却有事

南方地产业有一位姓吴的老板，其貌不扬，为人低调，每天来公司溜达一圈后，就喝茶、聊天去了。为此有职员在背后称其为"吴（无）干事"。

然而，就是这样一位看起来无所事事的吴老板，1999年在南方地产业风生水起时，突然只身一人来到还不太被人看好的北京。等北京申奥成功时，人们才发现他在北京四环之内圈了5块地，每块地的规模和价值都不亚于SOHO现代城，并且陆续破土动工。

业内同行得知后无不嫉妒，也无不赞扬，盛赞他的眼光独具。

"哪里，哪里！"他谦虚道。

老板敢想，老板敢干，这是他们普遍的特质。他们的鼻子灵敏得像猎犬、像鲨鱼；他们的耳朵顺溜得像老鼠、像蝙蝠。因此，他们很多时候是思想家（在常人看来是身体轻松，无所事事），在寻找市场的机会，在思考斩获的可能性。

这种思考不仅表现在他们对市场机会的敏感性，还表现在他们对员工的体察入微。不是吗，老板的两大工作，一是关注外部机会，一是注重内部管理，至于具体的工作执行，那当然是员工的事哟。

如果你能思维上向老板靠近，能够替老板出谋划策，凡事拿着几个执行方案送到老板那让其挑选（而不是弯着腰等待老板吩咐），这等于替老板省了些脑细胞，他会对你另眼相看。

如果你能帮助管理好员工，帮他一手打理好内部事务，这等于让老板的头发少白几天，他会对你宠爱有加。

◎ 没有不可能的事

华东一家新近崭露头角的服饰公司想请某著名体育明星做品牌形象代言人。讨论决定后，老板安排公关人员去联系。

"事情进展怎么样？"一周后老板问公关部。

"喔，我们看这件事很困难！不是价格的问题，她的经纪人……"公关部经理面有难色地说。

"多想想办法，问题总会解决的！"听到公关经理的一大堆理由后，老板扔下这句话。

三周后，老板再次问起此事，得到的还是否定的消息。

两个月后，老板催问此事，得到的答复是"不可能"。

"有什么不可能的，我看你们就没有用心办理此事！"老板大发雷霆。

后来，老板亲自出马。不到半个月，他通过国家体育总局，邀请到了这位明星。

正如在前面的一节中我们谈到，老板的个性之一是敢于挑战，因此，在他们的字典里，没有"不可能"这样的字眼。

有人这样评价柳传志，说他是能将在旁人看起来只有5%希望的事情变为100%可能的人。我想这话一点也不假，要不为什么他能从20万元起家，经过20多年的奋斗，历经千辛万苦，将联想一步步带大，并惊世骇俗地成功收购"蓝色巨人"IBM的PC业务，以年销售额 130 亿美元而成为全球第三大 PC 制造商呢？

所以，当工作遇到困难时，要多开动脑筋，多想办法，尽可能去克服，不要动不动就对你的老板、上司露出畏难情绪，动不动就说"不可能"。

一说不可能，老板认为你办事不用心；二说不可能，老板怀疑你的能力是不是不行；三说不可能，老板开始考虑是不是让你走人。注意了，以后少说"这个办起来很麻烦"，少说"不可能"这样的话！

◎ 事事皆大事

有家公司的前台高小姐，因为电话响过四声后才接听，被主管当场发现，罚了她 100 元钱。

"我就偶尔超过了一声后才接听，但并没影响工作，因为客户在电话中反映的问题，我都很好地解决好了，对方也很满意，凭什么还要罚款呢？"在与主管争辩未果的情况下，高小姐直奔老板论理。

"公司条例不清清楚楚地写着'电话铃声 3 声之内必须接听，否则罚款 100 元'吗，还来问我干什么？"老板满脸不悦。

"我知道写着，可我就偶尔一次，再说也没有耽误工作呀？"汪小姐不依不饶。

"你有完没完？人人都不遵守条例，偶尔错过一次，那公司不乱套了？想不通走人！"老板大怒。

公司是老板呕心沥血一手创立的，一草一木他都视若生命，就如同小孩是父母一手养大的，一颦一笑他们都牵肠挂肚。

因此，在许多事情上，老板与员工有不一样的看法——员工认为许多事是小事，老板认为事事是大事；员工就事论事，老板由此及彼想到其他事；员工说"事情"，老板谈"性质"；员工论结果，老板谈影响……

◎ 不同的员工，不同对待

某厂长视察工作，远远看见技术骨干小孙正戴着耳机、摇头晃脑地哼唱歌曲。厂长喊了两声，他仍没反应。于是厂长走过去，轻拍一下他的肩膀。小孙漫不经心地转过头，发觉是厂长，脸腾地一下就红了，并且赶快摘下了耳机。

"没事，你听吧，小孙，小声点就行！"一边说一边帮他把耳机戴上。

转过两道弯，厂长来到一个生产小组，定睛一看，有一个工人也在听耳机。

"朱茂，你在干什么？上班时间！"厂长一声大吼，吓得那个工人赶紧卸下耳机，将 MP3 塞进了抽屉。

"藏什么藏，给我！"老板又是一声大吼，将朱茂的 MP3 收缴走了。

上面这个案例使我想起了一个广为流传的笑话。

某夫妇生有两个男孩，由于望子成龙心切，每天逼他们在书房念书。

一天，做父亲的偷偷走进书房，迎面就发现大儿子趴在桌子上呼呼大睡。父亲大怒，一把拽醒儿子大骂："你这个不上进的东西，让你读书，你却趴在书上睡觉！"

大儿子经过这一番闹腾，彻底醒了过来。他偷偷拿眼瞟了一下墙角，发觉弟弟正趴着大睡还没有醒呢。于是他窃窃地说："小宝不是也在睡觉吗？"

父亲转过脸去，发觉小儿子小宝果然也趴在书上睡大觉。"小宝怎么了？你看书时总是睡觉，而小宝睡觉时还在看书！"

老板的价值导向使得他对核心员工网开一面，因为这些员工对公司的价值很大，为此即使他们屡犯小错，甚至偶尔犯点较大的错误，老板也会宽容他。父亲的"小儿子情结"使得他对小宝情有独钟，即使缺点在他眼里也会是优点。

对于大大小小的好处，核心员工拿得比普通员工也要多，这也是同样的道理。所以，不要动不动就认为老板不公平，而要先想想你为老板创造的价值与其他员工是否一样多。

◎ 看你自己会不会来事

有家以做冬装为主的服饰企业，春夏销售淡季时员工比较清闲。因此老板多次强调要趁这些不忙的日子多"充电"，但许多人置若罔闻，经常迟到早退、上网聊天。

有一次开会，老板透露，公司要精简人员，每个部门至少裁掉两到三人。此言一出，公司暗流涌动，因为员工们觉得不可能：人人是精兵强将，一个萝卜一个坑，裁谁都不合适。

后来员工们得知，老板因为看到员工表现懒散，反复强调都不见效，于是施此妙计，希望大家工作紧张起来。如果再不奏效，老板就准备假戏真做。各部门于是纷纷制定目标，人人紧张起来。

作为一家之长，很多时候，老板出于情面、个人涵养，以及一些别的因素，对他们不满意的人和事，往往只说"三分话"，而把剩下的"七分"留给你自己去悟；甚或有的时候，他们会以在你看起来与某事根本不相关的方法来处理某事，这实际上是声东击西，以达到他的目的。

因此，当你觉得老板对某些事情的处理超出寻常的思维模式，或者让你觉得比较蹊跷，那么你一定要"会来事"，分析表象后面的真实，而不要等到山穷水尽之时醒悟！

对于工作的安排，当老板说到"一"或只给你说"一"的时候，你自己要尽可能"一生二，二生三，三生万物"，这也是"会来事"的表现。

老板喜欢什么样的员工

我的员工分为三种：第一种是踏踏实实，兢兢业业，在一定岗位上为企业工作的员工；第二种是能为企业发展主动出谋划策的员工；第三种是关键时期能将企业带出困境、走出丛林的员工。

对企业来说，第三种员工是最难得的也是最宝贵的；第二种是每个人都可能做到，但多数人没有做到的；第一种是企业对员工的最低要求，如果这一点都做不到，那无疑将是被企业淘汰的员工。

　　　　　　　　　　　　　　——某著名民营企业董事长郑总

　　老板究竟喜欢什么样的员工，不同性质、不同大小的企业，不同的老板，可能看法上会有一定的偏差。譬如有的老板从品格上予以评价，有的老板从能力上进行评价等。但我认为，这都是从员工应当具备的这样那样的素质去评价。

　　如果我们换一个角度，从员工所创造的价值来评价（员工的作用就是创造价值），可能会比较简单和直接。

　　我认为，一个员工，其所创造的价值（这种价值包括物质价值和精神价值，譬如你与同事关系相处融洽，这就是一种精神价值）只要等于、大于老板对该岗位的期望，你就是一个老板喜欢的员工；如果你创造的价值能远远大于老板的期望，你肯定是老板的爱将。

◎ 超越老板的期望

　　某颇为知名的公司招聘行政助理，应聘者一时云集。

　　进入最后面试阶段还剩下6位，他们要到老板办公室与老板一对一地面谈。

　　在面试过程中，老板"不小心"将自己面前的茶杯弄倒了，茶水立刻在桌面上"奔放"开来。

　　每次都有这个镜头，但每次"配角"的反应都不一样：有的应聘者看见茶杯被弄翻，一言不发地坐在那，等待老板手忙脚乱地收拾；有的应聘者"哟"的一声站起来，眼盯着老板一个人收拾；有的应聘者赶快掏出自己的面巾纸，帮助老板收拾……

　　唯独有一位应聘者，一个箭步冲到桌子前，让老板让开，自己一个人把桌子收拾妥当，并找来拖把，将办公室全部拖了一遍。最终的结果是该应聘者获得了行政助理这个职位。

　　看到这个案例，你会怎么想呢？

　　"变态！这是面试还是陷阱？"有的人可能会这样说。

"有没有搞错？别人去面试的，不是帮他收拾办公室的！还不是他的员工，凭什么帮他擦桌子？就是成为他的员工，也不是去帮他擦桌子的，而是做行政助理。擦桌子有清洁工啊！"有的人可能会这样说。

如果你这样想，那就大错特错了！擦桌子是小事，但从这件小事可以看得出一个人是否是具有主动积极的心态，是否有乐于助人的情怀，这是该老板"不小心"打翻茶杯的目的之所在。

因此，只是做好上司、老板交代你的工作，是远远不够的。很多时候，我们必须超越老板的期望。

（1）在工作上超越老板的期望：

①工作数量上超越：老板给你工作"计件"，分派你每天做完 A、B、C 三件事，结果你不仅完成了 A、B、C 三件事，还将第二天要做的事情 D 完成了，超额完成了任务。

②工作质量上超越：老板给你分派任务时，一般会提出一个大致验收标准。如果你完成的效果超越他当时提出的标准，比他要求的做得更好，老板当然高兴。

③工作时间上超越：在老板要求的验收期限之前将工作完成，而不是总要等到倒计时的时刻才慌慌张张地提交你的成果。记住，不要把时间卡在倒计时读秒的时刻，万一到时工作所需的设备坏了，你在老板心中的印象就坏了（老板不会给设备两巴掌）。

（2）在角色上一定程度地超越老板的期望：

①出谋划策：你不仅仅应当是一名"认真"做事的员工，而且还应当是一名"用心"做事的员工。譬如在讨论工作方案时勇于提出自己的见解，而不是等在那儿接受该方案；在工作分派下来的时候，你能提供一些更好的修正方法去执行，而不是明知有某些不妥，也不吭声，觉得反正做好做坏是老板安排的，怪不到自己的头上。

②协助同事：完成自己的本职工作后，如有余力，协助同事完成其工作（当然不可越俎代庖）。在这个强调团队的时代，协助他人就是协助自己。

③细小之事：细小之事很多，就看你有没有心。譬如公司办周年庆典车辆不够你主动贡献自家的车为公司所用，与老板出差时照顾好老板等。这些分外之事，体现了"非报酬"情况下一个人的爱心与良知。时间长了，老板感动，他的口袋就会"动"。

时时养成"物超所值"的习惯，超越老板对你的期望，你就会成为老板的"眼中钉"了（别紧张，"眼中钉"是指老板盯上你，准备给你加薪、升职了）。

◎ 工作上独当一面

甲乙两个是好朋友。有一天，甲对乙说："我要离开这个公司，我恨透了这个公司！"

乙建议道："很好哇。不过你现在离开，还不是最好的时机。一定要给这破公司一点颜色看看，我举双手赞成你报复！"

甲问其由。乙说："如果你现在走，公司根本没什么损失。你应该趁着在公司的机会，拼命去为自己拉一些客户，成为公司独当一面的人物，然后有一天突然带着这些客户离开公司，公司才会受到重大损失。"

甲觉得乙说得非常在理，于是努力工作。事遂所愿，半年多的努力工作后，他有了许多的忠实客户。

再见面时乙告诉甲："现在是时机了，要跳赶快跳哦！"

甲淡然笑道："老总跟我长谈过，准备升我做总经理助理，我暂时没有离开的打算了！"

乙听后大笑："哈哈，吾计成也！"

许多人总觉得自己的工作没有价值感，为此希望被提拔，以展现自己的水平。

"有些员工总觉得我不提拔他，为此不好好工作。但是他的能力不够，我如何提拔他。要知道，公司一般不会先提拔你到某个位置再让你慢慢去培养那个岗位应当具备的能力，而往往是因为你具备了那个岗位的能力才可能把你升到那个位置。这二者的逻辑许多人经常搞颠倒!"有一次与一位咨询业的老板聊天时他这样说。

所以,如果你因为得不到老板的重用而郁郁寡欢,你首先要自我审视:我的能力有没有达到我所期望的岗位的要求,我的人品有没有得到老板的信任?如果你对两者的回答都是肯定的,那恭喜你,你可以去向老板"请缨"了。如果"请缨"后久而未果,你可以考虑走人了。

工作上独当一面是指在工作上独立操作某个"模块",譬如技术上、管理上、销售上等担当整个模块,或者是整个模块的某个子模块。

①敢于挑战:要想在工作上独当一面,首先是在思想上有敢于挑战的精神。敢于向老板要权管理一个团队,敢于带领团队独立操作某个工作模块。

②勇于负责:公司是以盈利为目标的,而不是过家家。因此,既然敢于挑战,就敢于承担其后果。古时战将请令,往往都会当场立下军令状,表示如果失败,愿意接受"军法处置",就是这个道理。

③自己拿方案:作为普通的员工,很多时候是老板安排什么,你就做什么。独当一面则要求自己能够拿出工作方案,而不是等着老板给你安排好了你再去执行。你可以征求老板的意见,老板也可能会给你提出些建议,但整个工作方案的设计主角应该是你自己。方案不仅包括如何做,而且还应包括对方案执行过程中可能遇到的问题的预见及解决思路。

④带领好团队:既然独当一面,很有可能你要带领"十几个人来,七八条枪"。如何管理好你的团队,这一点至关重要。人有时是不是那么好管的,仔细审查你的"胡萝卜 + 大棒"准备好了没有。

⑤遇到问题自己设法解决:是工作就会在执行过程中遇到这样那样的问题,而且有些问题可能是你在策划方案时所没预见到的。这时,你就得自己想办法解决这些问题。具有独立解决问题的能力,是你独当一面的最重要的标志。否则,一遇到问题就指望老板帮你解决,那你还是先退下来作为普通员工再锻炼锻炼吧。

◎ 堪当大任者胜

1990年，36岁的董明珠南下打工，成为格力电器公司的一名普通的业务员。半年后，她接手了安徽的市场。在这里，她一下就碰到了一件很棘手的事情——向一个经销商索要公司前任业务员留下42万元欠款。在追债的40天里，被冷落、欺骗、戏弄的滋味她全尝了个遍。这件事，令当时的格力电器总经理朱江洪对她刮目相看。

靠着勤奋和真诚，那年她的销售额竟达到1600万元，打开了格力在安徽省的销售局面。随后，她被调往几乎没有一丝市场缝隙的南京。不久，她神话般签下了一张200万元的空调单子。一年内，她的销售额上蹿至3650万元。

正当南京市场蒸蒸日上之时，格力内部却出现了一次严重危机，部分骨干业务员突然集体辞职。作为业绩最好的业务员，董明珠经受住了诱惑，并在危难之时被全票推选为公司经营部部长。

1996年，空调业凉夏血战，各个品牌竞相降价。已升为销售经理的董明珠宁可让出市场也不降价，她带领23名营销业务员奋力迎战国内一些厂家成百上千人的营销队伍。并创造性地利用销售返利的方式推动经销商的销售积极性，促使该年格力销售增长17%，首次超过春兰。此一役，助她迅速登上格力副总经理之位。

之后，在她的导演下，各地大经销商以股份合作的方式组建销售公司，成为当时全国独一无二的营销模式（被业界称为"20世纪全新的营销模式"），格力的营销网络迅速在市场上铺开，市场份额稳步提高。

"董明珠忒狠！这么多年，我们从没想到过这一招！"当时有厂家如此长叹。

拖欠货款本是中国零售批发行业中普遍存在的现象，董明珠却在一年之内全部解决了。她的做法很简单，也很霸道：先款后货，凡拖欠货款的经销商一律停止发货。这下捅了马蜂窝，大大小小的经销商纷纷闹事，有的甚至宣称："有她没我！"她针锋相对地说："有我没他!"此后她发表"铁血"誓言:"即使100次撞墙头破血流,我也要撞101次。欠款这堵破墙一定要倒。"结果令人难以置信:自1996年起,格力没有一分钱应收账款在外,也没有一分钱三角债。

"这个女人太厉害,她走过的地方草都不长!"因她的铁规则而利益受损的人曾摇头叹息。

董明珠的魅力在于她的不达目的誓不罢休的"一根筋"精神,为此,她被称为"中国的阿信"、"中国第一女经理"。

很多人常会抱怨得不到老板的重用、得不到机会,而没有考虑到,你的品格、你的能力,是否让老板觉得你是个可信任的人。这就如同品牌,只有消费者认可你,才有可能购买你。

何以担当大任?我们应当从以下几个"打造"自己:

①能力+品格:一个员工否能够担当大任,主要在于两点,即你是否具备那种担当大任的能力,老板对你的品格是否非常信任。否则,只可能是剃头的挑子——一头热。

②公司有难站好队:当公司出现困境时,如果不是人为所致,如果公司"只是黎明前的黑暗",那么,赶快站到公司的那边,言语或行动上表示支持公司,而不要和某些员工一样,唯恐天下不乱,私下里瞎起哄。

③主动请缨:如果你觉得在某些方面能够替公司分忧,那么看准时机,主动请缨,表示愿意尽自己的能力为公司挽回一些局面。

④稳定好员工:当一个公司出现困难时,往往人心涣散,甚至还有人浑水摸鱼、落井下石,这时你要用恰当的方法稳定好员工。你这时可能毫无"兵权",很难一呼百应,那么,拉拢积极者,争取摇摆者,疏远消极者可能是比较好的策略。

⑤积极寻求解决办法:找出问题的关键所在,必要时劝导老板丢车保帅,以求整体上的胜利。

⑥坚持,再坚持:既然是困境,必定要耗费一段时间去解决,而这段时间,对精神的折磨是可想而知的。因此,找到问题的解决办法,坚持,再坚持,决不放弃,是最好的办法。

资本速增
——管理好你的上司

有一女士应聘给一大老板做秘书。一见面，她对老板说："先生，我想先问您三个问题！"

"没问题！"老板爽快地回答说。

"第一个问题是，您抽烟吗？"回答是不抽烟。

"很好！那么，您懂得礼貌地对待自己的雇员吗？""一般说来是的！"

"最后一个问题是，您否有某些重大不良习惯呢？""我感觉好像没有，我对自己的要求还是比较严格的！"

"好的！您的回答我比较满意。我回去考虑一下，您等我的电话吧！"

这是一则网络笑话，但你也可以把其当作确有其事。之所以要讲这样一个笑话，是我遇见许多朋友，他们把自己摆在老板、上司的对立面，认为作为员工，受制于老板、上司，只能被动听从，小心伺候，而不能具有比较独立的思维（笑话中的女士反客为主，让老板等她的通知）。

这种看法对不对呢，我们不妨听听 GE 董事长兼 CEO 杰克·韦尔奇怎么说的——"一个幸运的职业人拥有三个必备条件：一份自己喜爱的工作，一个呵护自己的家庭，还有支持、赏识自己的上司。"

如何获得一个支持并赏识自己的上司？这有赖于你怎么培养和管理上司。有没有管理，管理的好与坏，将直接关系着你工作的顺利和成功程度。

最近，国外一份研究表明：高效的经理人在管理上司方面也是不遗余力的，他们为此大概要花 10% ~ 50% 的时间和精力。这正好印证了管理大师彼得·德鲁克的一句名言："管理上司是下属的责任和成为卓有成效的经理人的关键。"

摸清上司的脾气

个性的生活在社会中，好比鱼在水里，时时要求相适应。

——瞿秋白

和上司相处，首先要搞清楚他的个性特征。然后，注意察上司之言，观上司之色，摸清他的喜怒哀乐，在此基础上投其所好，尽可能迎合他的心理，满足他的需要。

◎ 摸清上司的个性特点

廖革非毕业后进入一家咨询公司做行政助理，不久就赶上公司参展，他负责给参展同事安排食宿。

一周参展下来，他过手购买的饮料、快餐、住宿等费用近万元。待他去找顶头上司，也就是行政人事总监吴经理签字报销时，吴经理一边夸奖他工作很出色，一边漫不经心地看了一那一大摞各种票据，大笔一挥就签了。

以后，廖革非经常帮忙跑腿买这买那，吴经理每次都很爽快地把字签了。"总听人说报销签字很麻烦，一分钱都要审核半天，其实哪像他们说的那么复杂！"廖革非心想。

两个月的试用期很快到了，廖革非该转正了。他兴高采烈地找吴经理签字转正，但得到的答复是试用不合格，予以辞退。

廖革非看见"试用期表现评价"一栏内，写着这样一行字："在试用期间，他利用工作之便，3 次将自己个人的花销连同公司花销一同报销。数量尽管不大，但性质非常恶劣。不予录用！"

"我报销时，不是经过您亲自审核后签字的吗？"廖革非找吴经理去理论。

"是的，你说得没错，我审核过，第一次就发觉有你个人花销夹杂在一起报销。考虑到你第一没有经验，记录不清，弄错了也未知，因此没有指出。但其他两次，我就不明白了，难道也是弄错了吗？

小伙子，出外做事，要踏实点！"吴经理盯着他说。

廖革非满以为吴经理是个大大咧咧的人，谁知吴经理是个心非常细的人。有人可能会说吴经理明知小廖有这种贪小便宜的倾向，为什么还要请君入瓮呢？对，吴经理可能应该遭到谴责，但问题是如果廖革非自己一身清白，那会生出如此事端呢？

第一，别把他人当傻瓜，如果你要认为他人都比较傻，那你得先检验自己是不更傻。

第二，很多时候，一个人表面上所表现出来的一面，正好与他性格本身相反。这一方面可能是出于自己保护，不愿让他人看见真正的自己，一方面可能是为了麻痹他人，让他人在自己面前展露真正的秉性。

所以，摸清上司的脾性，非常之重要，一方面是为了保护自己，另一方面更多地是为了顺应他们的脾性，更好地开展工作。通常，有以下几种上司：

①豪爽外向型：这种上司是比较好相处的人。他欣赏办事细致、工作能力强的人，但对一些细小的细节并不看重，表面形式的东西也不会博得他的好感，所以只要不在背后搞些小动作，或者当众顶撞他，应该就不会有问题。

②冷静谨慎型：这种上司喜欢详细的报告，内容详尽、目标明确、条理清晰的工作计划，一丝不苟的工作态度和大方得体、干净整洁的外表。所以，要和这样的上司有好的关系，一定要时刻注意自己的仪容和亲切的微笑，这样做会博得他对你的好感。

③懦弱妥协型：这样的上司没有什么主见，虽然可能很容易接受你的意见，但是因为不够坚持，所以也很容易被别人的意见影响。要和他处理好关系，除了要坚持自己的观点以外，还要时刻给他意见，让他和你在同一战线上。

④吹毛求疵型：这样的人比较难缠，一般来说，他会比较神经兮兮地对待工作，充分发挥他"鸡蛋里面挑骨头"的本事，把你的工作挑的一无是处。不过也不用担心太多，这不过是他的个人习惯，只要冷静对待，把他说的有道理的地方改正即可。

仔细琢磨你的老板或顶头上司，想想他的性格中最主要的 3 个优点是什么，最主要的缺点是什么，写下来，记在心里。

◎ 掌握上司的管理风格

当大学时的同窗，如今合伙一起租房子的其他几个女孩纷纷诉苦说工作压力大时，吴帆哈哈大笑说："我看你们是患有职场恐惧症呀？我没觉得压力有多大！尽管我和你们不在同一公司，但不都是整整资料，写写报告什么的吗？"

一周后，上司问上次他布置的那个工作怎样了，吴帆说没有做完，上司看了看她，除了让继续做外，没有说什么。

两周后，上司又交给她一个新的任务，大致说了一下怎么做，就转身走人了。

"下班前把那个报告交给我，老总要审批！"一周后的周末快下班时，上司对吴帆说。

"啊？我还没有做好，我不知道……今天要交报告！"吴帆怯怯地说。

"又没有弄好！没弄好周末加班，周一上班就交到我桌子上！"上司气愤地说。

一个月的试用期到期了，该到转为正式员工了。在实习评价表上，上司在"转正意见"栏中写道："办事拖拉，缺乏效率，建议不予录用！"

吴帆没有摸清其上司在管理风格上属于自由放任式，或者说是放羊式，结果吃了大亏。

一般说来，领导者管理风格包括以下三种：

①专制式：通常不会放权，也就是说，他不会完全将一次活动、一项决策和一个责任授予给下级。通常独自指定政策和规程、界定和指派任务，而且通常要监督工作完成情况。

②民主式：鼓励你参与管理的过程，征求你的观点、思想和解决方法；对实施过程一定程度的控制，对雇员充满信心。

③自由放任式：管理者设定目标，然后让个人或工作团队决定如何实现目标；他们对雇员采取放手政策，只在雇员需要的时候才提供信息、观点、指导和其他需要的支援。

◎ 了解上司的业余爱好

汪楠是公司新招聘的网管。初入职场，他发觉与其他新同事相比，自己总是和上司有那么点距离。

"究竟我什么地方不对，上司不太爱搭理我？"汪楠郁闷地想。

有一天，他得知上司酷爱打网球，于是决定从这里寻找突破口。经过一番探寻，他找到了上司经常去打球的地方——一所大学的体育场。于是，他在一个周末，守候在网球场附近，等上司进场玩了几把后，装着是初来乍到该球场的。

"哟，马经理，原来是您呀，球打得太漂亮了！"汪楠与上司打招呼。

"你也打网球？要不一起来玩一会！"上司邀请说。

"哪里，哪里，会一点而已！"汪楠谦虚地说。

经过几个周末，汪楠的球艺在上司的"指点"下大长（当然总是打不过马经理），而他们的友谊也日益深厚。其实上司哪里知道，汪楠在大学里网球打得非常好，还曾在北方高校网球联赛中获得过第二名呢！

每个人都或多或少有一点自己的爱好。如果发现上司的业余爱好与自己正好相同，那是靠近上司的一个非常规武器。因为工作时是同事，工作外是玩友，那么你们的关系就会迅速增进一层。

当然，前提是做好你的本职工作；另外，在休闲的时候不要主动提工作上的事。

管理好你的上司

管理上司是下属经理人的责任和成为卓有成效的经理人的关键。

——［美］彼德·德鲁克

管理其实是一个双向的过程。我们每个人都知道应该服从上司的管理，却不知有效地管理上司。管理好了你的上司，上司则可以成为你的最佳盟友、良师，助你在事业上更上一层楼；反之，如果你不善于管理上司，他会否定你的能力，成为你的职业生涯上的障碍。

说到管理上司，作为下属最易犯的错误之一就是认为自己有过人之处，因而想直接去影响上司。

其实，要影响上级，首先要对他的各方面进行比较全面的了解：

——上司的目标、压力和优缺点是什么？

——他的工作方式是什么？

——他希望别人的工作方式是什么？

——你目前在他眼中是什么印象？

——他对你有何角色期望？

掌握了这些，影响就有了基础，否则就会吃力不讨好，甚至适得其反，导致不应有的误解和矛盾发生。

◎ 协助你的上司

林珊进入快递公司工作还不到两年，就被提升为部门主管，而跟她一起进公司的同事大多还在原地踏步。

林珊向朋友介绍了自己的工作秘诀：我这个人，工作总是"捡重怕轻"，只要是公司有什么十万火急的任务、棘手的工作、所有上司没有时间去搞定或很难摆平的事情，我一般都会主动请缨，并力争圆满完成任务。

这不，林珊最近笑得很开心：经理最近要调到本系统的另外一个公司出任老总，林珊不久又要升职了！

林珊的成功告诉我们，善于帮助处于困境中的上司，是一个下属受到青睐重要保证。

①学会管理上司的时间：包括了解上司制订的中长期的工作计划；将上司的时间计划与自己的工作时间表接轨；将问题分类，排

列好轻、重、缓、急，并标明问题的重要性；事先向上司预约会谈时间。

②以上司喜欢的方式提醒上司：每个阶段具体的工作目标；曾经作出的决策及可能遇到的问题；上次会议达成的意向以及你对上司的期望等。

③准确领会上司意图：上司要委派工作时，立即停下自己手中的工作，认真听取其谈话的内容（切勿打断上司的话），必要时赶快记录。待其说完之后，简明扼要地回顾一下其谈话的要点，看自己对他刚才的委派是否有理解上的偏差，直至得到他的肯定。千万不可"想当然"（有的下属害怕上司说自己"笨"、理解能力差，故上司安排任务时，一个劲地"是、是、是"，根本不予以复述，结果理解有出入)，否则，最后挨骂的还是你。

④帮助处于困境中的上司：当他在难以完成很多任务时，主动请缨分担任务并承担相应的责任；当领导出现信任危机时，努力维持其领导形象；上司一旦作出决策，就不要再外妄加评论；当上司要分身处理个人事务时，要主动为其照顾公司大局。

⑤精心准备问题，选择适当时机：在征求上司的意见时，要准备好事实、数据及图表，让上司迅速了解情况；讨论时要先谈整体情况，再谈具体细节，包括整体目标是什么，你目前做到了哪一步，你希望得到上司哪方面的支持；向上司提出问题的同时，也提供可能解决问题的办法，包括关键任务、数据、所需的资源等。切记！不可代替上司作决定。

⑥增加上司对你的依赖程度：检验你在上司心目中是否有不可或缺的分量。最好的"试金石"是观察上司是否什么事都先想到你（先征询你的意见，然后再考虑其他下属的意见，有时也可能反过来，先让其他下属发言，最后认真听取你的意见），或者一些他不愿向别的下属讨论的问题，总是找你讨论。如果是这样，那么恭喜你，上司对你最为信任和依赖。只有增加上司对你的依赖程度，你才有可能是上司的"红人"。至于如何增加其对你的依赖，加强你的才、德、情

（贴心）是正道。

⑦适时赞美上司，建立友谊：有效管理上司还必须与上司建立适当的友谊，学会恰当地赞美上司并赢得上司的信赖。

上司其实也是普通人，必将遇到普通人都会遇到的困难和问题，有效地帮助上司做事，又不损伤他作为上级的颜面，你就会像林珊一样在公司里如鱼得水，八面玲珑。

◎ 引导你的上司

董宇是一家公司人力资源经理的助理。工作没多久，董宇了解到人力资源部门经理原来是老板的一个亲戚，没读过什么书，以前也没有什么人事管理的经验。

在随后的工作中，董宇发现，该经理一方面出于负责，一方面怕自己大权旁落，为此既不授权给下属，也不重视选拔人才及培养人才。这使得公司的运转效率低下，管理明显滞后，他这个助理形同虚设。考虑再三，董宇找到一个机会，跟经理作了一次长谈，积极鼓励经理参加当地的一个有名的管理沙龙，经理欣然接受了。

半年后，经理的工作思路开始逐步改变了，人力资源部门工作日益走上正轨，董宇的职务权限也大大拓宽了，这使得他基本上能够得心应手地开展自己的工作了。

很明显，董宇在改变上司工作作风方面成功了，其成功之处就是他知道该如何恰当地引导上司。

老板，尤其是民营企业的老板，他一手创建的公司对他来说十分重要，因此在财务与人事的安排上喜欢自己操刀，或者交付亲戚、同学帮忙打理，以落得个放心。而他们往往又缺乏实务方面的经验，但出于负责而又坚信自己的那一套管理方案。在这种情况下，如何能够说服上司呢？

①要研究上司对于你要引导的事情在心里会怎么想。

②要找到比较好的、上司可能会接受的方法。

③要注意拿捏火候，不要让上司觉得你是在批评他，教导他。

④观察上司的反应，一次不行，鸣金收兵，下次再谈，反复多次。

◎ 做上司的贴心人

在咨询公司做文员的孔小姐说，她之所以在公司深得上司的赏识，是因为她除了做好本职工作外，还懂得做一个贴心的下属。

有一次，上司因运动过度，致使手腕受伤，每次使用鼠标时，手腕都胀痛不已。于是，孔小姐在周末逛街时，给上司买了个可以护腕的卡通立体鼠标垫。上司再使用鼠标时，感到手腕舒服多了，为此看孔小姐的目光充满了感激。

每次上司和重要客户会谈前，孔小姐都会主动打扫好会客室（公司只有一个保洁工每周来清扫一次），还会喷上空气清新剂，使宾主双方感觉很好。

不久，公司计划从诸多文员中提拔一名员工给该上司做助理，上司毫不犹豫地选择了孔小姐。

俗话说：人非草木，孰能无情。在工作的同时，一些富于人情味的行为（细心观察，在上司最脆弱的时候去安慰他，更会让其感动），会让工作中压抑、"公事公办"的气氛得到一些缓和。当然，要注意分寸，不要让人有拍马屁，甚至是暧昧的感觉。

做聪明的跟随者

聪明的跟随者有很多机会，包括从其领导者那里得到机会。

——［美］拿破仑·希尔

大多数领导者是以跟随者的身份开始职业生涯的，他们成为杰出领导者的原因是他们最初都是聪明的跟随者。心态欠佳、不够机智的追随者是不会成为有能力的领导者的。

最有效地跟随领导者，往往能够很快地成为领导者。有效的沟通、适时的建议、温婉的劝阻，都能给你意想不到的惊喜。

◎ 忠于上司而不要背叛

"我们对你的经验很看好，招聘会结束后两天之内我们会通知你的!"K 公司人事经理对面试者笑着说。

"其实，贵公司若录用我，我还可以把原单位的一些技术成果带过来，正好在贵公司也用得上!"面试者压低声音说。

"嗯?"人事经理歪着头盯着他。

"其实也没什么，那是我业余时间做的一点东西!"面试者感觉人事经理的眼光有点发烫。

"过几天等我们的通知吧!"人事经理把身子向后仰了仰。

招聘会结束后，面试者收到 K 公司的邮件:"对不起，我们不能录用您，尽管我们很需要您这样有经验的技术人才，但我们担心我们的技术被泄密!"

因为对自己是否能被录取缺乏信心，该面试者以"技术献金"作为自己的"添头"，殊不知这样犯了职场大忌。注意，一旦让你的上司觉得你缺乏忠诚，你就被判了死刑。要不你看历史上投奔敌国的将士，有几个最终得到重用了呢?

①凡事以上司作为终极请示对象或终极报告对象。

②不可轻易地越级报告或越级请示，尤其是在你顶头上司不知情的情况下。

③若事情紧急，而上司又不在场，那么在越级汇报完后，待上司回来后也要及时地补报，并讲明原因。

④若转职到新的公司，千万不可以诽谤、出卖原公司去取悦新的上司，因为即使有些公司为眼前利益而对你的行为不作评价，但他们也会心底想，这家伙不可重用，否则等他离职的时候会出卖我们公司。

⑤一旦涉及原公司或上级的利益，最好不要妄加评论。因为说不定你现在就职的公司老板与你以前就职的公司人员有关系。

◎ 在领导下学会创新

20 世纪 90 年代初，中关村的几大标杆企业的牌子比联想大，利润比联想丰厚，员工收入也比联想高。

为了留住并吸引大批年轻的有志之士到联想工作，加入联想不久，时任总裁室人事部经理的王平生充分发挥了他的创造性，从 5 个方面为联想的"梧桐树"改善条件。

①办食堂成为公司一景。那时的中关村餐馆很少，在公司上班的人都是自带午饭，很不方便。为此王平生下决心办个员工食堂。在获得柳传志等领导批准后，面临厨师、场地和设备一无所有的他，经过多方努力，逐一解决了所有难题，把食堂办起来了。

食堂不仅解决了员工就餐问题，而且开创了京城自助餐的先河。很快这个"京城第一家员工自选餐厅"成为联想公司的参观一景。目前，当年的联想员工食堂已经发展成京城知名的餐饮企业——北京金白领餐饮有限公司，为联想、华为、海尔、摩托罗拉、诺基亚、中国工商银行等知名企业供应团体餐。

②"72 家房客"轰动京城。福利分房时代的住房分配，在中国任何一个机构都是让人非常头痛的问题。当时联想盖了第一批员工宿舍楼，但僧多粥少，怎么分？柳传志很头痛，因为他担心稍有不慎，就会在公司内部引起一场无休止的争夺战，好事最后变成为坏事。于是，他让王平生制定住房分配方案。

三个月后，王平生提出了自己的分配住房方案：公司担保，银行贷款，员工用要买的住房做抵押，分期偿付。一句话，就是把分房子变成了卖房子。在今天看来，这就是"按揭"，然而在当时，这可是石破天惊的创举。

就这样，公司一是避免了公司内部的分房争夺战；二是激励了公司的主力军——年轻人（72 套房子的主人全是 30 岁左右的年轻人）；三是开创了国内工薪人员"按揭"买房的先河，乃至对推动中国房地产市场的发展功不可没。

联想与银行签订购房贷款合同时，各大媒体竞相报道，弄得全京城乃至全国沸沸扬扬。

③职称。当时，联想作为公司是没有资格评职称的，对于公司内一些有特殊才能的人只能评定技术等级以示认可和鼓励。王平生利用自己熟悉的资源，通过中科院干部局，破格评选了 3 个年龄不到 30 岁的人为高级工程师，一时引起了很大的反响（因为员工看到了能力与所谓的"资历"在联想并不画等号，只要努力，就可以破格提拔）。

④户口。当时的联想作为公司没有招收应届毕业生的户口指标，这严重阻碍了联想对优秀人才的吸纳。王平生打通多方关节，通过北京市和中科院两个渠道解决了外地大学毕业生留京的头等难题——北京户口，为外地优秀人才进入联想打开了"绿色通道"。

⑤班车。在王平生建议下，联想为员工购买了班车。在当年的北京，公司班车还是非常罕见的。结果，"联想员工班车"不仅有效解决了员工的上下班问题，更成了联想在北京的流动广告，有效地提高了联想的知名度和美誉度。

就这样，王平生在联想当时工薪水平不如别人的情况下，开创性地解决了食堂、住房、职称、户口和班车这 5 大实际问题，为联想吸引了大批的核心人才。

既懂得遵从上司领导，但又不丧失自己的想象力，创造性开展自己的工作，这才是上司器重的下属。不能创新，仅仅跟着上司思路走也是很危险的。

所以，无论什么公司，在招聘人才时，都比较看重一点，那就是员工"个人潜力"。何谓"潜力"？说白了，就是你如何在未来的工作岗位上发挥自己的主观能动性，创造性地开展自己的工作，而不是只会墨守成规、亦步亦趋。

◎ 适应上司的脾气

龙永图在进行 WTO 谈判时，一度因为某些条款与欧美人相持不下，经常与外国人拍桌子，脾气特别暴躁。回到酒店后，他往往一句话不说。下属工作人员，只要谁令他稍微感觉不爽，他就会一顿臭骂。所以每当他回到房间，没有一个人过来，因为他们怕挨骂。

然而只有一个毫不被别人看好而被龙永图选为秘书之一的家伙，每次不敲门就大大咧咧走进来，跷起腿随意一坐，告诉龙永图今天他听到什么了，哪个人说你说的哪句话不一定对等等。

他从来不叫龙永图为部长，都是"老龙"，或者是"永图"。有时候还出一些馊主意，结果被龙永图骂得一塌糊涂。但是他最大的优点是禁得起骂，无论怎么骂，5分钟以后他又回来了，而且告诉龙永图说：哎呀，永图你刚才那个说法不太对……

因此可以说，他对很多事情不敏感，包括别人对他的批评、咒骂，但是对中国加入世贸的问题，他简直像着迷一样的。为此其他谈判班子把他称为"入世传教士"，因为他一见到人就抱住对方大谈入世的事情不放。

WTO谈判成功后，那个秘书被龙永图送走了，原因是他每天把文件搞得乱七八糟，龙永图找什么文件都找不到。但龙部长后来一直很感激他，因为这个不怕骂的秘书陪他一起度过了谈判最为艰难的时期。

很多时候，我听到一些员工说：我什么都受得了，就是对上司的脾气受不了。但批评是在所难免的，因为是人就难免犯错误。只是对批评的态度不同，导致的结果就不一样，就像龙永图的那些秘书一样，害怕挨骂而躲着，结果失去了被提升的机会，而有的却不怕骂，结果得到了赏识。

在受到上司批评时，应把握以下几条原则：

①受批评时不要过多解释：受到上司批评时与上司辩解，很有可能讨得一顿骂。因此，不可过多解释，那是没有必要的。如果你实在受到误解，以后找个机会私下与上司沟通即可。

②切不可当面顶撞：公开场合受到批评，会给自己难堪，但当面顶撞是最不明智的做法。既然你都觉得自己下不了台，那反过来

想想，如果你当面顶撞了上司，上司同样下不了台。只要上司不是存心找你的茬，先听着，被误解的话以后再私下"申辩"。

③背后不可对批评牢骚满腹：有的人当面不敢或不愿顶撞上司，但待其转身，便开始喋喋不休。有时是向自己（自己说给自己听），有时是向同事。这样是非常不好的。因为很有可能你的牢骚被返回的上司听见，或被某个同事"通报"给上司。

④认真改正被批评的事：上司一般不会把批评、责训别人当成自己的乐趣，而一旦批评了别人，就有一个权威问题和尊严问题。如果你把批评当耳旁风，不及时改正他批评你的事，结果也许比当面顶撞更糟。因为，上司会觉得你的眼里没有他。

⑤不要把批评人为严重化：一两次受到批评并不代表自己就没前途了，更没必要觉得一切都完了。为此不要在被批评后就一蹶不振，打不起精神，这样会让上司更看不起你，今后他也就不会再信任和提拔你了。

⑥过后不要记在心底：有的人比较爱"记仇"，因此受批评后有意无意不搭理上司，甚至还心里想什么时候报复上司一下才好，这都是极端错误的。要知道，你的情绪对方会觉察到，结果是他也不搭理你了，你就永远在下面混吧，直到有一天被开除或自己走人。

◎ 懂得推功揽过

"我们同学中，就你混得最好，都到局级了。传传经嘛！"在老同学聚会上，大家纷纷对杜峰说。

"什么经？瞎混而已！"杜锋笑着说。

"不行，不行，老同学还保留什么，真是！不说就罚酒三杯，喝完后还得说！"大家纷纷对他嚷。

"真的没什么，领导安排我干什么就干什么，有重的活儿我绝不挑轻的！唉！这活儿不是人干的哟，你们看！"说着，杜峰撩起衬衣，露出左肋部的一块大伤疤。

"豁出命来，利索点把案子办完，回来写总结报告时，第一句话工工整整写上：在余副部长的部署下，整个案子获得突破性进展……"杜锋一边说，右手一边作写字状来回画动。

好上司不会把下属的功劳据为己有，气度不凡的下属也会将荣誉奉献给上级。可实际工作中，这样的情况很难得。结果上司上不去，你也上不去。在职业舞台上，上司是名副其实的主角，下属要淡化自己的"主演"情结，甘心当配角。一句话：懂得推功揽过！学会把荣誉归功于你的上司，因为你能获得成绩的机会是上级给你的，你未来的提拔还要靠他。

◎ 切勿议论上司的是非

"吴经理，吴经理！"小林发现离自己不远的湖面，荡漾着一只小船，而船上的男士，正是自己新加盟公司的部门主管、自己的顶头上司吴经理。另一位斜倚在他肩上的美人，想必是吴经理的太太。为了表示自己有礼貌，热情大方，于是小林就一个劲地叫开了。

吴经理对小林这边望了望，若有所思地点了点头，将船慢慢驶开了。

第二天一大早上班，小林刚一进电梯，发觉一大堆同事挤在里面，而最前面就站着吴经理。

"吴经理，早上好！"小林热情地打招呼。

"早上好！"吴经理微笑着回应道。

"吴经理，昨天在公园游船时看见您和您的夫人了，您的夫人真漂亮！"小林大声说。

吴经理扭过头，狠狠地瞪了他一眼。

试用期一到，小林被辞退了，原因是"能力欠缺"。小林很是郁闷。

两天后，他收到原公司同事孙新的一条短信："小林，找到新的工作了吗？你的能力是有目共睹的，但却没有通过试用期，你知道为什么吗？你在游湖时看见的吴经理的'夫人'，哪是什么夫人，是小蜜！大家早就知道这件事而装作不知……"

　　小林将上司的私事传播了出去还毫不知错，结果卷了铺盖走人。因此，效忠上司还要注意不谈论上司的是非，不管你是有意还是无意。否则，纵然你平常在他面前唯唯诺诺，他对你还是不会放心。万一有人非要谈论你的上级，也要切记多谈论"是"，少言及"非"，或者把话题岔开，或者一言不发，让谈论者知难而退。总之，称赞、拥护、帮助上司树立良好的形象，这也是忠于上司的表现之一。

　　最后，对于如何与上司相处，我们做个总结：

　　①放心：不要轻易给上司捅娄子。

　　②省心：有了你，上司少了许多压力和负担。

　　③交心：上司把你战友与朋友，凡事第一个想到你。

资本账户管理

——我的未来我做主

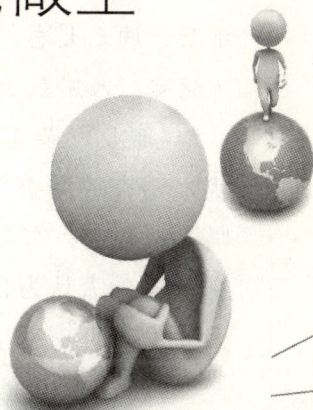

　　美国哈佛大学曾做过一个著名的实验。他们在一群智力与年龄相仿的青年中进行了一次关于人生目标的调查，结果发现：3%的人有十分清晰的长远目标；10%的人有清晰但比较短期的目标；60%的人只有一些模糊的目标；27%的人根本没有目标。

　　25年后，哈佛大学再次对他们进行调查，结果令人十分吃惊！有十分清晰长远目标的3%全部成了社会各界的精英、行业领袖；有清晰的短期目标的10%都是各专业各领域的成功人士，生活在社会的中上层，事业有成；而只有模糊目标的60%大部分生活在社会中下层，胸无大志，事业平平；没有目标的27%过得很不如意，工作不稳定，入不敷出，常常抱怨社会，抱怨政府，抱怨他人。

　　《职业》杂志、搜狐教育频道曾联合进行《大学生职业指导现状》调查。调查结果发现，在"你了解想要进入的行业发展前景吗"一题中，有27.4%的人曾经向业内人士咨询过该行业的情况；有19%的人认为自己进入的行业是个热门行业，前景乐观；更多的人"没有研究过"，比例高达52%。

　　与此相对应的是，在"你清楚考虑过自己以后的职业发展吗"一题中，51.4%的人对此"只有模糊的想法和愿望"；17.6%的人"感到茫然，不知道自己能做什么"；只有27.6%的人"有3～5年的职业规划"。

　　其实，不光这些新人很迷茫，就是很多毕业3～5年甚至更长时间的人，也非常迷茫：我究竟喜欢什么，我究竟能做什么，未来我的道路在哪里……

全面"盘点"你自己

　　我是谁？有什么证据来证明我是我自己？

——［意］皮兰

在古希腊戴菲尔神庙上，刻着一行字：认识你自己！这个镌刻的碑铭，犹如一支千年不熄的火炬，表达了人类与生俱来的内在要求和至高无上的思考命题。法国18世纪革命思想先驱、启蒙运动最卓越的代表人物卢梭说，戴菲尔神庙的那句箴言，比伦理学家的一切巨著都更为重要、更为深邃。

◎ 反思昨天的成败

我是幸运的，在年轻的时候就知道了自己爱做什么。在我20岁的时候，就和沃兹在我父母的车库里开创了苹果电脑公司。

我们勤奋工作，只用了10年的时间，苹果电脑就从车库里的两个小伙子扩展成拥有4000名员工，价值达到20亿美元的企业。而在此之前的一年，我们刚推出了我们最好的产品Macintosh电脑，当时我刚过而立之年。

然后，我就被炒了鱿鱼。一个人怎么可以被他所创立的公司解雇呢？这么说吧，随着苹果的成长，我们请了一个原本以为很能干的家伙和我一起管理这家公司，在头一年左右，他干得还不错，但后来，我们对公司未来的前景出现了分歧，于是我们之间出现了矛盾。由于公司的董事会站在他那一边，所以在我30岁的时候，就被踢出了局。我失去了一直贯穿在我整个成年生活的重心，打击是毁灭性的。

在头几个月，我真不知道要做些什么。我觉得我让企业界的前辈们失望了，我失去了传到我手上的指挥棒。我遇到了戴维·帕卡德和鲍勃·诺伊斯，我向他们道歉，因为我把事情搞砸了。我成了人人皆知的失败者，我甚至想过逃离硅谷。

但曙光渐渐出现，我还是喜欢我做过的事情。在苹果电脑发生的一切丝毫没有改变我，一个bit（字节）都没有。虽然被抛弃了，但我的热忱不改。我决定重新开始。

我当时没有看出来，但事实证明，我被苹果开掉是我这一生所经历过的最棒的事情。成功的沉重被凤凰涅槃的轻盈所代替，每件事情都不再那么确定，我以自由之躯进入了我整个生命当中最有创意的时期。

在接下来的5年里，我开创了一家叫做 NeXT 的公司，接着是一家名叫 Pixar 的公司……现在这家公司是世界上最成功的动画制作公司之一。后来经历一系列的事件，苹果买下了 NeXT，于是我又回到了苹果……

我非常肯定，如果没有被苹果开掉，这一切都不可能在我身上发生。对于病人来说，良药总是苦口。生活有时候就像一块板儿砖拍向你的脑袋，但不要丧失信心。热爱我所从事的工作，是一直支持我不断前进的唯一理由。

你得找出你的最爱，对工作如此，对爱人亦是如此。工作将占据生命中相当大的一部分，从事你认为具有非凡意义的工作，方能给你带来真正的满足感。而从事一份伟大工作的唯一方法，就是去热爱这份工作。如果你到现在还没有找到这样一份工作，那么就继续找。不要安于现状，当万事了于心的时候，你就会知道何时能找到。如同任何伟大的浪漫关系一样，伟大的工作只会在岁月的酝酿中越陈越香。所以，在你终有所获之前，不要停下你寻觅的脚步，不要停下。

以上一段文字，是来自苹果电脑的 CEO 斯蒂夫·乔布斯2005年在斯坦福大学毕业典礼上的演讲。这位 IT 业天才，一度因为独断专行，将自己的意见强加给别人，而被自己创立的公司开除。毁灭性的打击使他对自己进行了深深地反思。二度出山，再次成为苹果CEO时，他的性格圆润多了。

人们常说，成功一定有方法。过去的你，无论在学习上，还是在工作上，一定取得了一定程度的成功。那么，你仔细思考思考，你获得这些成功的主要因素是什么。

反之，我们之所以目前还不算成功，原因是我们在人生的道路上犯了这样那样的错误，使得我们前进的步伐比别人慢了一些。那么，我们过去的错误是什么呢？

◎ 从他人的视角看自己

在报考公务员的大潮中，毕业四年之久，一直在管理咨询公司从事市场调查、数据分析方面工作的廖冰决定应潮而动。

"你原来的工作不是挺好的吗？很有前途的！何况，你的性格不太适合到政府部门工作。"当有同学知道他正准备公务员考试时这样对他说。

"企业太累了，政府部门多轻松，旱涝保收，搞不好还可以混个一官半职！"他这样回答。

半年的辛苦奋斗，他考上了某省级部门党委办公室宣传干事的职位，从而放弃了原本不错的工作。结果两年下来，他感到疲惫不堪，热情全失。原因是他个性耿直，不懂融通，为此与同事的关系紧张，口碑很差。

"衙门的水太深了！"郁闷时他这样感叹。

如果没有镜子，我们可能永远也不知道自己真实的面容；如果没有他人的对照、提醒，我们很多时候看不清自己真实的个性与才能。不识庐山真面目，只缘身在此山中。因此，要想进行职业生涯规划，首先得全面"盘点"你自己，而要"盘点自己"，除了自我分析外，还应从他人的眼睛看看自己（见表 6.1）。

表 6.1　　　　　　　　通过他人盘点自己

角色	他人对你个性特征的评价
爱人	
子女	
父亲	
亲人	
朋友	
上司	
下属	
同事	

借助他人的眼睛，了解他们对你专业素质的看法（见表6.2）。

表6.2 通过他人了解自己的素质

个人才能	朋友评价	上级评价	下属评价	同事评价
专业知识				
社会知识				
本行业/领域知识				
工作经验				
工作效率				
创新能力				
沟通表达能力				
敬业程度				
团队精神				

通过上述一系列的对自我个性、专业素质调查后，你需要明白两个问题：一是哪些品质、专业素质是你认为具有，但没有得到他人认可的；二是周围的人对你的评价与你所期望的评价差距在哪里，为什么。综合自我分析及他人对你的看法，形成对你个人的全面评价（见表6.3）。

表6.3 自己的全面评价

评价项目		评价内容	得分
个性特征	个人品质	如诚实、正直、有同情心、团队精神、豁达等	
	自我认知	内心自我评价的外在表现，如是否自信、谦虚等	
	工作态度	如勤奋、仔细、稳重、富于创新等	
	理智	对事物认识表现出的系统、全面、独立性	
	情绪	性格上所表现出的积极、稳定性状况	
	意志	追求目标确定之后，调节行动，克服困难的能力	
知识水平	专业知识	通过系统的教育、专业的培训，以及日常的自学获得的专业知识、信息	
	社会知识	对社会、对生活所形成的人生观、价值观	
	本行业/领域知识	了解所在行业或领域的宏观状况，以及当前的重大动态	
	相关行业/领域知识	具有哪些相关行业、领域的知识	

续表

评价项目		评价内容	得分
专业技能	工作经验	所从事过的行业或领域，达到的职位，时间长短，积累了哪些核心工作经验、技能	
	创新能力	学习新知识、技能的快慢程度，经常有更好的工作方法，遇到问题经常能独立解决	
	沟通表达能力	能否将自己的想法通过书面或口头的方式全面、简洁、清晰地表达出来	
	计算机运用能力	懂得计算机常识、利用与工作相关软件的能力、利用网络查找所需信息的能力	
	外语能力	看懂相关的外文资料，一定的听说能力	

注：以上各项按 10 分制计算。你可通过前面全面"盘点"的结果，经仔细思考后，在表中写下每项指标中你大致应得的分数。这样，你便可以较为全面地明白你个人的优势和劣势了。

发掘业内的金矿

没有夕阳的产业，只有夕阳的企业。

——张瑞敏

如果关注媒体，我们会发现经常会出现"未来 2 年最赚钱的职业"、"未来 5 年最热门的行业"等这些字眼。在这些字眼的牵动下，许多人趋之若鹜，希望赶上这些热潮。正因为热门，其进入门槛也较高，于是许多人为跨过这些门槛，费银子费精力考这个证、那个证，忙得不亦乐乎。好不容易进去了，结果呢？往往发现不过如此。

◎ 见树木，也要见森林

Stiwens 作为程序员曾经在软件公司工作了 8 年。由于公司经营不善而倒闭，他不得不重新找工作。恰好这个时候微软公司招聘程序员，Stiwens 信心十足地去应聘。凭着过硬的专业知识，他轻松过了笔试关，对即将到来的面试，他也充满了信心。然而，面试时考官的问题却是如何看待软件产业的现状及未来趋势，作为程序员的Stiwens从来没有考虑过这些问题，因此遭到淘汰。

事后，Stiwens觉得微软公司对软件产业的理解令他深受启迪，于是他开始密切关注软件产业的宏观问题。在这个过程中，他越来越发觉自己原来只懂得某些技术问题，而对整个软件产业知之甚少。半年后，微软公司出现职位空缺，Stiwens再次去面试。一周后，他收到了录用通知书。

十几年后，凭着自己出色的表现，Stiwens成了微软公司副总裁。

很多时候，我们缺乏对自己所从事行业的整体性观察，而仅仅凭自己对该行业某个细分的专业中的某个岗位的好恶而做出这样的判断：这个行业没"钱途"。

行业与行业之间有差别这话不假，但与此同时我们应该清楚以下三个问题：

①抛弃你现有的行业，而转向其他行业，你的专业优势没有了，你必须从零开始去熟悉你意向的行业，这种代价你愿意付出吗？你当前的状况能"支付"得起吗？

②你的性格、潜质适合在你意向的热门行业进行深度发展吗？既然热门，肯定会有很多人往里面钻，结果是需求饱和，只有少数优秀者才能在该行业笑傲江湖，你有自信你是优秀者之一吗？

③你是否用全局的观点对热门行业进行过较全面的分析，你了解你意向的热门行业的"发热生命周期"究竟会有多长吗？

其实，专业、行业的热与冷是相对的，要不，为什么会出现"三十年河东，三十年河西"这样的俗语呢？要不，张瑞敏为什么会说"没有夕阳的产业，只有夕阳的企业"这样的话呢？

中国俗话说得好：三百六十行，行行出状元。因此，珍惜你目前所在的行业或领域，千万不可一叶障目，不见泰山！达·芬奇说："热爱事业却没有见识的人，犹如划无舵之船的人，即使花费所有力气，也无法超越自己的目标。"

◎ 挖掘行业的金矿

严岚学的是服装专业。由于他高考发挥失常，原本准备学计算机的他被调剂到了服装这种他当时称之为"不入流的专业"。

"换专业？那是不可能的！学校没有这样的先例。"大二上学期，严岚向班主任谈到自己不想学服装专业，班主任这样说。

毕业后，严岚被分配到一家大型国营服装企业，从事技术工作。由于大学时对专业不感兴趣，他的专业底子很差，因此领导交给他的技术活儿他都无从下手。

"什么大学生，连我们车间的工人都不如，真是的！"有一次领导这样背地里议论他。

严岚的自尊心受到了极大的伤害。不服输的他决定捡起大学里的专业，并结合生产实践钻研服装技术知识。半年后，领导交给他的技术活儿，他样样干得出色，让领导们对他的看法有了180度的大转弯。

两年后，他被提升为企业的技术副总。

第三年，严岚考上了研究生，专业是服装市场营销。毕业后，他进入一家著名的私营服装企业，并从站柜台开始从事服装销售工作。不做不知道，一做严岚才发觉，销售工作学问很大，而且比自己原先从事技术工作更难掌控。四年后，他做到公司营销副总的位置。

一个公司派出去学习的机会，严岚接触到咨询培训业，发觉这些课程让他受益匪浅。后来他查找咨询培训业的资料，发现很多行业的咨询培训工作都如火如荼地展开，而唯独没有专门针对服饰业的。"为什么不开辟一个专门给服饰业进行培训的公司呢？服饰业太需要培训了！"严岚灵光一闪。

半年后，他利用自己多年来在服装技术、营销方面积累的经验，办起了管理咨询公司，专门给服饰企业做培训、咨询。三年后，他的公司成了中国内地数一数二的服饰管理咨询公司。他作为首席顾问，汇集100多人的讲师团队，给上千家服饰企业进行各个层面的管理培训及咨询。

如今，除了继续经营他的管理培训公司外，他还投资引进一国外著名品牌，成为该品牌的中国总代理。

"想不到呀，老严成了我们当年同窗中混得最好的！想当年，你很羡慕我们上大学时能读热门专业，如今我们依旧给别人打工，而你却成了大老板了！"往年的高中同学聚会时，同学们大发感慨。

人与人之间的比较不是百米冲刺，而是马拉松。当年读书没有进热门专业的严岚，走向社会后却做得非常成功。其实，每个行业都有"金矿"，我们应该从产业的角度来看待自己的机会与未来，而不是从某一两个岗位判断其生死。

——你所在的行业属于传统行业，还是新兴行业？

——你所在的行业属于什么性质的行业（劳动密集型、技术密集型、资本密集型抑或其他性质的行业）？

——该行业的产业链是如何组成的？其"微笑曲线"（"微笑曲线"就是指某个产业在整个国际产业链中，形成"U"字形曲线，即前端研发和末端品牌营销附加值最高，而加工环节则处于利润最低端）又是怎样组成的？

——在整个产业链中，有哪些具有代表性的各种性质的企事业单位，又有哪些业界精英？他们是如何获得成功的（尤其要分析国内的情况）？

——在整个产业链中包括哪些工作类别？各类工作的普遍薪资状况如何，最高薪资状况如何？

——你的工作属于其中的哪个类别，在"微笑曲线"的哪个位置？

——要想发展到某个薪资收入较高的工作类别，你有这样的潜质吗？你愿意付出这种努力吗？

——你早期的从业经历，可以支持你未来在这个产业里自主创业吗？

如果你对以上问题大都比较陌生，那表明你对这个产业的认识还比较模糊，反之，则表明你看待事物比较全面，对当前工作的了解不是局限在某个狭隘的角度。

如果你对自己所从事的行业还不了解，那你赶快行动，通过以下方式增进对其得了解和认识：

①行业协会：登陆行业协会的网站，可以查询到许多关于行业方面的宏观知识。

②行业媒体：通过行业内的主要网站、报纸、杂志等，了解行业整体趋势与时事动态。

③书籍、培训资料：行业内的各类书籍、光盘等（某种行业的书籍、培训资料出版得越多，表示该类工作越热门）。

④企事业单位网站：登陆有代表性的、不同性质的企事业单位网站，了解其成长史。

⑤业内精英访谈：关注业内精英的讲话、访谈，以获得其对行业的评价、对自己成长经历的评价。

⑥参与业内培训、沙龙等：有可能的话，参与业内培训、讲座、沙龙等，并争取结识一些业内精英，谦虚地向他们请教，以获得对行业的认识，获得他们对你职业生涯的指导等。

对这些信息渠道保持长期的关注，你就会对自己所在行业的历史、现状、运转方式、未来发展趋势等宏观问题有比较清晰的认识。或许你就会发现，原来业内处处有金光，而不是你以前想象的毫无"钱途"。

同理，在那些并不专属于某个行业的每一个专业领域，也有诸多发展机会。

以人事工作为例，如果只考虑向上发展这种职业发展策略，那么最基层的是人事助理，接下来是人事专员或主管，再往上是人力资源经理、薪酬经理、招聘经理、培训经理等，最高职位是人力资源总监。如果人力资源总监做得出色，则很有可能就变成公司CEO。

给未来一幅行军图

这一脚迈出去究竟会怎么样呢？他心里一点底都没有。

慢慢地，他抬起脚，跨出了一步，但脚尖刚一着地，他又觉得有什么不对劲，于是又退了回来。

——［法］雨果《悲惨世界》

人生往往在压力中迷茫，在诱惑中彷徨，结果漫无目的地东奔西跑，青春就这样一点点被消耗掉了。而那些成功人士，懂得规划自己的人生，懂得选择与放弃，结果晚年在夕阳下回忆自己的人生时，尽管也有苦涩，但笑得很灿烂。

◎ 人生因规划而精彩

美国洛杉矶郊区有个少年，当他年仅15岁时，他拟写了一个题为《一生的志愿》的人生规划。在该规划中，他写道："到尼罗河、亚马逊河和刚果河探险；登上珠穆朗玛峰、乞力马扎罗山和麦特荷恩山；驾驭大象、骆驼、鸵鸟和野马；探访马可·波罗和亚历山大一世走过的路；主演一部像《人猿泰山》那样的电影；驾驶飞行器起飞降落；读完莎士比亚、柏拉图和亚里士多德的著作；写一部乐谱；写一本书；游览全世界的每一个国家；结婚生子；参观月球……"

他把每一事项都编了号，共有127个目标。当把梦想庄严地写在纸上之后，他开始循序渐进地实行。

到他49岁时，他完成了127个目标中的106个。他叫约翰·戈达德，获得了一个探险家所能享有的一切荣誉。

如果你觉得这是一个带有一点传奇色彩的故事，让你感觉有点遥远，那么我们下面来看看一个邻家女孩的故事。

范雪是某海运学院学习财会的。大学毕业时，同学们大多把目光投向了海运、物流行业，因为学校的背景更加适合这样的选择。但范雪经过分析，决定从事金融行业的工作，于是她把简历更多地投向了这样的行业和部门。

毕业后范雪的第一份工作是在某财政局，公务员的工作有点枯燥乏味，月薪只有 2000 元左右。为此那些从事海运、物流这些热门行业的同学得知后，觉得范雪亏大了。但范雪并没有就此消沉，而是积极地做好自己的本职工作。"我觉得无论如何要对得起自己获得的薪水，尽力地付出终归会有回报"，同时范雪也在静心等待着机会的来临。

一年后，范雪的同学推荐她去一家证券公司面试一份行政助理的工作。范雪认真的工作态度、良好的专业素养，使她在众多竞争者中脱颖而出。在证券公司的工作，她感到了很大的压力，因为证券公司对从业人员的要求很高，很多同事的学历和资历也高于她；行政助理需要处理很多繁琐的事情，范雪经常遇到超越自己学识范畴的事而不知如何应付。但范雪没有退缩，性格开朗的她每次认真地向同事请教，直至基本掌握了该项工作的要领。在认真完成自己的工作的同时，她还不断完善自己、提高自己。为此，当别人早早下班后，她往往在办公室忙到很晚，一边整理自己当天的工作，一边将第二天的工作提前做一部分。回家之后，她还抱着一些证券方面的专业书籍研读到深夜。很快地，范雪就消除了最初的压力感，开始逐步胜任工作。凭着认真负责的工作态度和出色的工作业绩，范雪的月薪也从初进公司的 4000 元上升到了 6000 元。

一年多后的一天，范雪接到了一家合资基金公司的电话，因为他们从招聘网站上选中了范雪的简历，希望具有证券行业经验的范雪加盟他们公司，从事基金销售工作。这对范雪来说，既是机遇，又是挑战。说到机遇是因为基金公司是金融界的新生力量，基金公司职员也是金融界的"新宠"，很多证券从业人员都愿意跳到基金公司；说到挑战是因为这份工作与范雪以前的工作有着很大差别，是从内部管理的岗位转到了外部销售的位置。

经过一番仔细考虑，范雪决定接受这份挑战。她的新工作是面向机构投资者——主要是一些大企业和上市公司——从事基金销售。证券公司的从业经验为她积累的人脉关系，加上良好的沟通技巧，幽默风趣的个性，她总能完成公司的销售任务。就这样，范雪，一个毕业不到四年的 26 岁小姑娘，实现了年薪 10 万梦想。

对此，同学们很羡慕，向她讨教经验。她说："给自己一个职业规划，踏踏实实地走好每一步，机会迟早是会来临的。"

不久，范雪就要参加一个国际 MBA 的课程，因为她要向更高的目标挑战。

范雪的成功在于在自己的职业生涯之旅上坚持金融行业而不偏离，遇到困难坚持而不放弃，为人活泼并建立了良好的人脉关系。

◎ 职业生涯：规划从底层开始

多年以前，一个妙龄少女到东京帝国酒店应聘服务生。这是她的第一份工作，为此她充满憧憬，并暗下决心：一定要好好干，干出成绩来！

可她万万没有想到，上司给她安排的工作竟然是洗厕所。听到上司的安排后，屈辱与愤懑袭遍了她的全身。但最后她咬咬牙劝说自己：洗厕所就洗厕所！

但是当她拿着抹布的白皙小手伸进马桶里时，视觉、嗅觉和触觉上的反应一并侵袭而来。她感到恶心，胃里开始"造反"：想吐，又吐不出来。这种感觉实在太难受了！

就在这时，一位老同事出现在她面前。只见他一遍又一遍地擦洗着马桶，直到其光洁如新。之后，他从马桶里盛了一杯水，一饮而尽喝了下去，丝毫没有勉强。

少女一下看呆了！过了好久，少女才从震撼与战栗中恢复过来，眼泪吧嗒吧嗒地掉下来。那一刻，她暗暗发誓：就算今后一辈子洗厕所，也要做一名全日本最出色的洗厕所人。

她开始振奋精神，全心全意地投入到洗厕所的工作中。为了检验自己的工作质量与信心，她也多次喝过马桶里的水。以后，无论她做什么事情，她都全力以赴。

正是这种一丝不苟的敬业精神，她一步步迈向了人生的辉煌。几十年后，她成为日本政府内阁的主要官员——邮政大臣。她的名字叫野田圣子。

许多时候，我们职场新人，在羡慕别人的成功同时，也暗暗给自己筹划了一个美好的未来。在给自己制定职业生涯规划时，可能什么到想到了，唯独没有想到自己要从一个底层的部门，打杂的岗位开始干起。

但问题是一无经验，二无资历，等待职场新人的往往就是一些打杂的岗位。为此，这些职场新人非常郁闷，觉得生活怎么跟自己开这样的玩笑（自己的人生规划中根本就没这档子事），于是选择放弃与逃跑，希望去寻找一个更好的岗位。哪里有更好的岗位呢？因为你当前的条件不具备。于是继续逃，结果成了跳蚤，职业生涯规划早忘了。

我们每一个希望在人生路上有所收获的人，应该从野田圣子的故事中吸取力量，除掉不切实际的幻想，把职业规划的门槛调低，准备从打杂开始，一点点向上攀缘。

◎ 职业目标：向卓越的职业经理人迈进

她是一个女人，但却有狮子般的雄心与毅力。因为这种个性，使得她从北京一个街道医院的小护士，成长为IBM中国销售总经理，微软中国公司总经理，TCL信息产业集团公司总裁。她，就是吴士宏。

初中毕业后就失去学习机会的吴士宏为了自考英语专科，凭着一台收音机，花了一年半时间学完了许国璋英语三年的课程。在学习的同时，她一直在寻觅与等待机会，直至有一天她看到报纸上有IBM公司的招聘广告，于是前去应聘。在众多的竞争者中，她是唯一被选中的，于是离开了那个街道医院，成了这家世界著名企业的一个最普通的勤务人员。

一年之后，IBM公司有一个计算机资格考试，并允诺谁能通过这个考试就可以到香港参加培训。她当时并不具备考试资格，但她越级跑到人事部经理处多次要求，由此招致顶头上司的不满。但她却一试而过，将有学历的甚至名牌大学毕业的人全抛在了后面，去香港培训非她莫属。

香港培训可谓给吴士宏插上了腾飞的翅膀。回来后，吴士宏就做了 IBM 的销售员，如此一干 5 年。5 年以后，吴士宏在广州出任 IBM 华南分公司总经理。几年后因业绩非凡，被同行尊称为"南天王"。1997 年，她出任 IBM 中国销售总经理。之后她到了微软，出任中国公司总经理，仅仅用 7 个月的时间就完成了微软中国全年销售额的130%。之后她离开了微软，加盟 TCL 集团。她的一步步发展，把一名职业经理人的成长诠释得异彩纷呈。

刚开始在 IBM 担任经理时，吴士宏是一个销售先锋而非职业经理人，每天冲锋陷阵为下属示范，这让她疲于奔命。到广州任 IBM 华南区销售经理后，她逐步转变成一名职业经理人。在那里，她从一个超级销售人员转变为团队协调人，工作从接受单纯的销售指标变为全盘的市场规划。

作为一名初级的职业经理人，吴士宏学会了倾听别人，学会问有意义的问题，学会系统地、抽象地分析与判断，并给团队以鼓励和信心，帮助他们思考问题。此间，吴士宏得出对职业经理人的看法：职业经理人是管理公司运营，带领团队，从执行既定的行动上升到主动的思想和理论；与此同时，职业经理人的示范作用仍然不可忽视，但示范应是在更高层次上，包括身体力行示范做事做人的原则。

初入微软时，她曾有意淡化个性鲜明的个人风格，结果遭受到挫折，于是她又雷厉风行做回自己，最终赢得了团队。为此她非常认同意杰克·韦尔奇说的说法："身为一个领导者，你不能成为一个中庸的、保守的、思虑周密的政策发音器，你必须具有些许的狂人形象。"

在微软的最后几个月里，她高密度地综合实践了职业经理人几重角色：战地指挥官、团队领袖，协调，激励，鞭策，放权，还有——激发并综合团队的智慧。

之后她去了 TCL，因为她要当企业家，实现 Dream + Action = Vision。她有一句开场白十分有名："你们知道我是谁吗？我是一个女人！"

让我们感谢她吧，感谢她所作的贡献，感谢她为中国人写下了一个"麻雀变凤凰"传奇。对于一个职场人士来说，从底层一点点做起，经过一层层蜕变，最终成为一名卓越的职业经理人，是一个充满挑战而终至辉煌的职业选择。

北京大学经济学家张维迎教授说：当今中国不缺少企业家，不缺少想当老板的人，只是缺少诚心为老板服务、有道德的职业经理人。著名管理大师彼得·德鲁克说："技术和资本必须通过有能力的管理者才能发挥作用和功效"。因此，职业经理人的严重短缺失，将从深层次上影响我国资源配置以及经济运行的效能。

据统计，截止到 2004 年，中国职业经理人的缺口高达 150 万人，仅广东一个省就急需 10 余万职业经理人。瑞士洛桑国际管理学院发表的 2005 年度《世界竞争力年鉴》印证了这一点：在这项对世界上最主要的 60 个经济运行体进行全方位排名中，中国内地的排名从 2004 年的第 24 位下降到 31 位。在导致中国内地竞争力排名下滑的三大主要因素中，管理方面差距较大是其中之一。

因此，"职业经理人荒"已成为事关中国经济可持续发展的重大问题。苦心修炼，将自己一步步打造成为一名卓越的职业经理人，那么你的人生将海阔天空。

如何把自己打造成一名卓越的职业经理人呢？不外乎横向、纵向，以及横向与纵向同时发展这三条线路。

关于这一点，我们可借鉴麻省理工学院 E·H·Schein 教授的职业生涯发展策略图（见图 6.1）予以观察。

在这张图中，不同的横截面代表了一个企业中不同的层级，越向上职位级别越高；在同一个横截面上代表职位级别相同，但工作

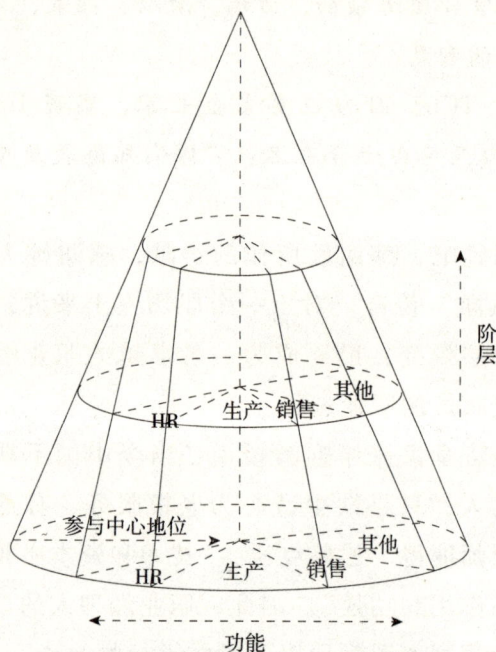

图 6.1　职业生涯发展图

职能不同，如 HR 主管、生产主管、销售主管或财务主管等。根据图中箭头的方向，我们可以清楚地看到，在每一个公司，每个人有三种可能的发展趋势和职业方向：

①向上发展：沿着圆锥边上的直线向更高级别发展。比如在销售部门，从业务员荣升为销售主管、销售经理或营销总监等。

②横向发展：如果没有提升的机会，也可以在同一横截面内（同一级别）向本部门的其他职位或别的部门发展。如从做技术变为做销售工作，从研发变成管理岗位工作等。

③在圆锥中心向上发展：这是一种微妙的发展，必须具有合谐的人际关系。比如说，属于同一个级别部门主管，但他们因为跟圆锥中心（最高决策层或管理层）的距离不同，有的主管能得到领导更多的器重和使用。

当然，这三种发展策略并不一定要在同一公司实现，而可以通过不同公司实现。那么什么是一个成功职业经理人必备的素质呢？

（1）良好的专业背景。

①一定的专业技能：职业经理人毫无疑问应该首先具备一定的专业技能，因为任何管理活动都是在特定的场合下对特定的业务活动及执行这种业务活动的人的管理。如不具备一定的专业技能，不懂得业务性质、流程和特点，就无法对工作进行全面规划与指导。当然，他可以不是这方面的专家，但最起码得是其行家里手。

②丰富的市场经验：市场是企业的龙头，没有市场，即使产品再好，也无济于事；反之，市场拓展能力强，即使产品稍微弱一点，也无碍大事。因此，职业经理人应具备洞察市场、捕捉商机的能力。而这种能力，往往是从多年的市场杀伐中锻造出来的。如果你不具备骄人的营销经历，那么你的职业经理人这条路是很难走通的。国外公司在考虑提拔管理人员时，往往会优先考虑市场部门的职员。许多国际性大企业的掌舵人，往往有资深的营销背景。

（2）卓越的规划、抉择、执行能力。

①发现问题的能力（思考能力）：这是一个职业经理的核心能力。其表现为在经营管理活动中善于敏锐地察觉旧事物的缺陷，准确地捕捉新事物的萌芽，并大胆地、新颖地提出对问题的假设、看法的能力。

②分析问题的能力（决策能力）：除了能够发现问题，职业经理人还必须针对这些问题进行周密地分析，拿出可行的解决方案。有些企业具备技术专家、智囊团，他们负责给企业提出多种建议性方案，那么经理的职责就是从中进行选择，拍板决断。如果职业经理缺乏这种分析问题、拍板决策的能力，那么其专业价值将大打折扣。

③解决问题的能力（执行能力）：水无常形，兵无常势，因此，在执行抉择的过程中，可能会遇到这样那样意想不到的问题。这时，职业经理人必须善于根据企业的经营状况、竞争对象、协作伙伴以及市场动态作出相应的调整，以保证抉择继续执行。

（3）娴熟的人员管理能力。

①选、留、育人才的能力：无论职业经理人多么出色，都不是全

才，因此他需要有一批杰出的人才在其周围支撑他。这些人才是否具有与其配合做好工作的能力，首先取决于职业经理人的识别和选拔人才的能力。其次，如果人才选拔出来，但不能知人善用，人尽其才，那么既浪费人才，又会造成工作的失误。再次，能够识别、选拔、任用人才，而不会评价和激励，也会造成人才流失，或使人才的积极性受到压抑。只有通过科学地考核和有效地激励人才，人才才能较长久地被留用。

②营造团队凝聚力的能力：优秀的职业经理人应当具备营造和谐的组织氛围，创造蓬勃向上的团队凝聚力的能力。这种能力表现在四个方面：一是团队价值观的形成；二是团队发展目标深入人心并成为每个成员共同的追求；三是团队中每个人追求的差异性与团队价值观和发展目标的有机统一；四是宣传鼓动、激发团队热情的能力。

（4）超强的自我管理能力。

①打造个人威严：君子不重不威。作为一个管理者的职业经理人，如果没有了威严，就像老虎缺少了獠牙，何以服众？因此，你在心里应当与下属画一条界限，严格要求自己的言行举止，不可与下属变成勾肩搭背的"哥们"。

②具备强硬的管理风格：如果你吹毛求疵，那就继续从鸡蛋里找骨头好了；如果你个性强硬，那就让他强硬好了。杰克·韦尔奇说："身为一个领导者，你不能成为一个中庸的、保守的、思虑周密的政策发音器，你必须具有些许的狂人形象"。

③培养个人魅力：当然，只是具有威严与强硬是不够的，你还必须勇担大任，心胸开阔，爱兵如子，适度幽默等。这样，在狂傲的背后，你还有温情脉脉的一面，下属为你哭也情愿，笑也甘心。

④超强的自我激励能力：作为职业经理人，你上有老板，下有员工，中间还有平起平坐的同事。事情太多，人太杂，职业经理人成长的土壤缺少某些养分等，都会给你带来这样那样的压力，甚至时时威胁你"下岗"。为此，自我减压、抵抗压力的能力至关重要。否则，业绩没有压垮你，心理却把你压垮了。看看那些成功的职业经理人

吧，哪个不是因为具有极强的应对逆境的能力，才最终笑傲江湖呢。

著名导演郭宝昌认为，未来的成功人士应该"具有狮子般的野心，乳虎般的活力，狼一样的凶残，牛一样的勤奋，十年中至少经历3~5次遭受重大挫折而仍然站立。"

最后，我们结合前面的诸多分析，在的表 6.4 中写下自己未来5~10 年或更长的职业生涯进行规划。

表 6.4　　　　　　　　　个人职业生涯规划表

自我评价	个性特征	
	爱好特长	
	专业素质	
	主要优缺点	
职业规划	经济目标	未来 5 年，年收入达到_____万元 未来 6~10 年，年收入达到_____万元 未来 11~15 年，年收入达到_____万元
	岗位目标	未来 5 年，在_____岗位工作 未来 6~10 年，在_____岗位工作 未来 11~15 年，在_____岗位工作
	职务目标	未来 5 年，获得_____职位 未来 6~10 年，获得_____职位 未来 11~15 年，获得_____职位
	成就目标	未来 10 年后，获得_____社会效益
行动方案	工作措施	
	自修计划	
	外部协助	

◎ 管理好你的职业规划

工科出身的马志高，大学里学的专业是自动化。但他很早就定位于 IT 行业。为此，除了本专业之外，他广泛涉猎、钻研自动化、计算机相关的核心知识。在和导师一起完成项目的时候，他有意识地接触涉及计算机和自动化的部分，以提高自己的实际动手能力。大学时，他还花了很多时间在英语学习上，TOEFL 和 GRE 考分都不错的他尽管拿到了国外两家大学的录取函，但出于家庭经济的原因，他还是留在了国内，为家庭多承担一些责任。

找工作的前一两年，他的身影就经常出现在各个 IT 招聘会场。他说："尽管当时还没有毕业，但我觉得在招聘会上可以了解到公司的招聘程序，了解各公司需要什么样的人才，从而知道自己的优势和不足，可以更早地对症下药。"

毕业那年，求职时他显得游刃有余。凭着出色的专业能力和面试技巧，他拿到了几家公司的 offer。但都不是他最初设想的程序开发，原因是他虽然有这种热情，也有一定的理论基础，但他不是计算机专业出身的，靠自我钻研的而形成的功底让那些公司不放心。这对马志高来说是一瓢凉水。

经过深思熟虑，马志高决定不放弃他热爱的 IT 行业，最终选择了到一家大的 IT 公司做技术翻译，而放弃那些做外贸、董事长助理的机会。由于他出色的英语能力，以及不错的计算机专业知识，他每个月收入 5000 元。

IT 业的高压力、高强度，使很多同事在工作不到一年的时候就离开了公司。马志高没有放弃，除了努力适应公司文化，在工作中调整自己的心态，他更重视锻炼自己应对压力的能力。此外，技术翻译的工作的机会也使他有更多机会接触到最前沿的技术动态，使自身的业务水平和知识能力得到了很大的提高。就这样，凭着出色的工作，马志高的薪水一路上扬，三年内从 5000 到 7000，最后涨到了 1 万元。

在工作的过程中，马志高发觉营销是一个企业最终生存的根本，为此他开始钻研营销方面的知识，希望自己在 IT 营销方面有所斩获。一年后，凭借自己的营销学知识，良好的外语沟通能力和技术积累，马志高转到公司的海外部从事技术服务工作，从单纯的内部技术支持到外部的营销、服务支持。这是一条技术人员比较青睐的职业路线。马志高确信自己会在海外部得到更大的发展。薪水那不用说，届时也会再上一个台阶。

谈到自己的成功，马志高说：一是不要轻易放弃自己所喜欢的行业，二是在工作中不断发现新的机会，并通过持续地学习、积累使自己具备获取新机会的能力。具备这两点，剩下的就是坚持了。

因此，对于职业规划的管理，应注意以下几点：

①随时可见：为了随时督促自己，最好将职业规划的内容放在自己经常能看见的地方，以时刻提醒自己。

②依规划而行：有些人有计划，但只要有事做，就不知道自己下一步努力的方向在哪里，结果有计划也等于没计划。

③必要时做出变动：如果职业的需求已经发生变化，你的构想和行动规划也要做出相应的变动，从而目标和策略也应随之改变。

④临时性变动：在有些情况下，可能有一些重要的诱因，使得你能获得较大的短期收获，这时你就需要考虑是否要对自己的职业生涯做出变动。比如你是一个财务主管，辉煌的事业正在逐步地推进，但有一个出国的机会，个人的短期利益可以得到满足，但你的出国很可能导致事业的损失，如何处理？这种时候，需要冷静地思考，权衡利弊及对策，做出符合职业生涯发展的决策。

⑤亲戚朋友协助、监督：向好的亲戚朋友公开自己的计划，往往能督促自己行动，另外也能从他们那获得一些帮助。

⑥善抓机会：除了个人自己创造的机会外，还应该注意抓住组织为个人所提供的机会。如果你所在的单位有培训机会，最好不要因为工作太忙、家庭事务太多、身体状况不佳、今后还有机会等理由而放弃，因为你很有可能因此而永远失去了一个晋升的机会。

⑦定时督察：保证至少每三个月检查一次自己的个人规划，必要时有针对性地提出解决方案。譬如感到工作和生活很乱，那就意味着需要进行调整；感到自己的生活节奏很慢，没有实现原计划的职业生涯目标，就要考虑自己的动机水平是否足够。

⑧持之以恒：参加工作后，学习和技能培训与纯粹的学生时代不同了，可能要谈婚论嫁，可能工作十分繁忙，可能应酬非常多，因此时间不再是整块的，而是要靠自己去挤。这些都会影响到自我职业生涯规划，因此需要毅力，否则，规划很难长期执行。

◎ 一生做好一件事

徐思众是出生在浙江省慈溪县的一个农家子弟。因为从小家境艰苦，他初中毕业后就再也没有上学，顶替父亲在农村当了一名小学数学教师，月薪25.8元人民币。

在平凡的工作岗位上，徐思众没有放弃自己对理想、对成功的追求。他从教珠算入手，以一只算盘为起点，对传统的珠算教学方法进行了大胆的创新。在他新的教学方法的教导下，他的学生在宁波市和浙江省珠算比赛中摘取桂冠，引起了人们的注意。后来，他又把他的珠算改革实践上升为理论，引起全国珠算界的重视。1992年，由徐思众撰写的《中国心算大全》出版，并畅销于东南亚。

二十几年来，徐思众每一步都走得不轻松。但他历尽千辛矢志不改，全力推进珠算事业。如今，他已从当初月薪25.8元的小学教员变成了年薪280万的公司总裁，马来西亚教育部的顾问。

2006年初，他推出了自己的著作——《一生做好1件事》。在该书中，徐思众总结了几条经验：一是全力以赴；二是坚信天无绝人之路；三是思路决定出路；四是坚持"牛皮糖精神"。

徐思众用一生时间专做一件事，最终获得了成功。这使我想起了小时候母亲为我们做鞋。她用"顶针"使劲顶针的针柄，针头一点一点从厚厚的鞋底里面钻出来，然后她再用力反复拽针头（很多时候用牙齿咬住针往外拽），针终于被慢慢地从鞋底中拽了出来，这样终于完成了一针，细密的汗珠也一点点渗出了她的额头。

这是一件生活小事，我们再看看社会大事。许多企业，甚至是著名的国际性大企业，许多都从多元化的战略中退了回来，而专注于某一个领域，原因是竞争太激烈了，原先粗放式经营根本行不通了，必须做专做精才有可能生存。

人生何尝不是如此。一个人只有找到自己的定位，并用全部的力量集中于该点，才有可能取得突破，否则，你可能永远也挖掘不到人生的金矿。

过滤生命的"杂质"

你的身躯很庞大，但你需要的只是一颗心。

——好莱坞影星　里奥·罗斯顿

里奥·罗斯顿死于肥胖症。尽管抢救他的医生也使用了当时最先进的药物，还是没能挽留住他的生命。我们可以这样理解这位影星的遗言：肥胖和贪欲没什么两样，都是背负着超过自己生命里所需的东西。

◎ 男性的典型弱点

全球著名汽车防爆膜品牌决定开辟中国市场，为此要在中国找一名总代理。经过一番寻找，他们把邓作为他们的主要考察对象。"邓，我不明白，你身边那么多漂亮姑娘，但你好像没看见。我很不明白！"在对邓的考察中，美国人发现他不好女色的特点，于是有一天，他们不停地晃脑袋，摊开双掌，深蓝色的眼里满是疑惑地说。

邓什么也没说，起身出门买了一小碟刚刚煎好、让整整一条街都感到奇臭无比的臭豆腐干，端到他们的面前。

美国佬立刻把鼻子捏紧，一边摇手，一边往后退，一边大叫连连："No！邓，快拿走，快！它的味道比公共厕所还让人难以忍受！"

邓哈哈大笑，指着门外不远处两个美丽异常、正低着头津津有味大嚼臭豆腐干的姑娘说："我也不爱吃那玩意，就像我不喜欢近女色。但许多人爱好女色，就如同那两位少女爱吃臭豆腐干一样……"

美国人大笑起来，然后说："在美国，不喜欢女人的男人常常是有病的。但我知道，在你们中国，不喜欢妻子以外的女人是男人罕见的美德之一……邓，我在中国生活了近10年，我是'中国通'，我信任中国人的价值标准，也信得过你！"

半个月后，美国人发回国内的考察报告批下来了，邓成了美国著名防爆膜品牌在中国唯一的总代理。这可是一笔大生意，每个月全国各地从他这里批发去的防爆膜多达数百万元。

许多人才华横溢，但却因为这样那样的性格缺陷沦为庸庸之辈；许多人腰缠万贯，但最终却倒在自己道德的某个阴暗角落。这样的例子太多了，在你我身边，这样的故事每天都在上演。

作为男人，比女人更具有进攻性，个性的普遍缺陷明显而集中：

①好色：所谓"君子好色而不淫"，说的是男人；所谓"英雄难过美人关"，说的是男人；栽倒在女人的石榴裙下，大叫"红颜祸水"，还是男人。在好色这一点上，男人动物性的一面似乎体现得特别明显。

②好酒：亲朋相聚要喝酒，同学相邀要喝酒，生意谈判要喝酒。酒是男人相聚或独自遣怀不可缺少的尤物，是一种历史悠久的文化。许多男人因贪杯，误了多少好事。

③自负：男人是家庭的主心骨，是社会的主宰，这种角色的担任使得他们往往自以为是，刚愎自用，结果栽倒在自己的褊狭里。

◎ **女性的典型弱点**

拿破仑三世的侄子拿破仑·彭纳派德爱上了绝世美女，西班牙女伯爵郁金妮·德伯。尽管他的顾问们极力劝阻，认为郁金妮·德伯只是个普通的伯爵，但拿破仑·彭纳派德辩答说："那又怎么样？"

婚后的拿破仑夫妇拥有健康、俊美、权势、财富、爱情，以及信仰——一切幸福的条件，但他们婚姻的圣火从未发出过炽热的光彩。而且没过多久，就化为了灰烬。拿破仑可以使郁金妮成为皇后，让她享有世人无法比拟的荣华富贵，但他献出他爱情的全部力量，甚至她皇位的权势，也无法使郁金妮停止嫉妒、多疑，以及喋喋不休。

出于嫉妒与多疑，郁金妮不允许拿破仑有个人的秘密。当他从事国政的时候，她闯进他的办公室，阻挠他最重要的讨论；当他在书房看书时，她破门而入，四处寻觅，然后一无所获地坐到他的怀里。她拒绝他独处，永远怀疑他与别的女人有私情。抱怨、哭泣、喋喋不休，甚至威胁要自杀充满了她的生活。

郁金妮因此而带来的后果是什么样的呢？

在莱因哈德潜心写就的《拿破仑与郁金妮：一个帝国的悲喜剧》一书中，有这样的描写："拿破仑经常在夜里从侧门偷偷溜出去，戴一顶软帽，将脸遮得严严实实，由亲信随从带他到正在等待他的美女那里去；或者散步在某个郊区，见一些平时难以见到的东西，呼吸一点新鲜空气。"

可怜的妇人，尽管贵为法国皇后，拥有绝世美丽，但因为生性嫉妒、多疑、喋喋不休，她毁掉了自己，也毁掉了别人。她毁掉了一切！

说到男人性格中的杂质，作为男人的另一半——女人，性格缺陷似乎更多，尽管看起来似乎并不紧要。

①独立性差：缺乏主见、习惯将希望寄托在别人身上。

②器量小：爱发作、爱闹别扭、爱贪小便宜。

③爱慕虚荣：嫉妒、爱虚荣、爱炫耀、喜欢攀比。

④飞短流长：爱唠叨、爱打探、传播他人的隐私。

当然，金无足尺，人无完人，每个人都有这样那样的个性缺陷，或者说性格"杂质"，但如果这种缺陷与杂质阻碍我们的进步时，为什么不有意识地去克服，或者说"最小化"呢？只有这样，我们才能走得更远。

资本裂变

——广拓人脉资源，传播职业口碑

国内著名招聘网站"前程无忧"曾就人脉这个话题进行了一次主题为"职场处处皆贵人"的大规模网络调查。调查结果显示，良好的人脉关系对于个人的职业生涯发展影响非常之大。

①17.35%的人认为人脉对自己的职涯最重要。在关于哪类因素对职业生涯影响最大的调查问题中，35.89%的人认为第一要素是"个人能力"；30.77%认为是"机遇"；17.35%的人认为是"人脉"。

②45.56%的人坦言职场之外并没有注重与贵人结缘。尽管大多数人认同了"职场处处皆贵人"的说法，但还是有45.56%的人仅仅局限于职场当中，认为出了8小时工作以外就不必太在意了。

③48.5%的人认为在公司的业务往来时候最易积累贵人缘。其次是公司的活动和个人充电培训，这两项的得票率分别为15.44%和15.23%。另外沙龙聚会也被认为是可以考虑的方法，得票率占了10.63%。

④48.36%的人主动出击打造自己的人脉。有34.22%的人是通过朋友介绍增长人脉，只有一小部分人（9.82%）是被动等待别人找上门。

⑤65.62%的人认为与人交往时应保持"君子之交淡如水"的心态；有14.08%的人是"无事不登三宝殿型"；有11.16%的人选择了"亲密无间型"；9.13%的人是完全依性格行事。

⑥38.24%的人认为良好的人脉关系对职业机会有重大影响。此前"前程无忧"也曾经做过"最有效的求职途径"调查，其中"熟人介绍"这种方法被列为第二大有效方法。

⑦48.71%的人认为职场处处皆贵人。其中，19.13%认为朋友是贵人最主要的来源；17.63%的人认为来源于上司；11.95%认为是工作上的合作伙伴。从地域看，北京人似乎更倾向于在朋友中得

到贵人缘，而上海人认为贵人缘的机遇在上司老板处更容易找到，南方的深圳、广州一带更把上司、朋友一网打尽。

看到以上调查结果，你感受到人脉的重要性了吗？一个人除了诚恳为人，踏实做事以获得个人口碑外，要想获得个人飞速的发展，还必须懂得积累人脉，传播口碑。这就如同一个品牌，只有一小部分人知道，获得了这部分人的口碑，而绝大多数目标消费者不知道，那么这个品牌很快就会退出市场。为了避免遭此厄运，每一个品牌都通过各种渠道狂轰滥炸消费者的视听，以期获得他们认知。

如果你不通过广泛的人脉传播业已形成的口碑，那么，在职场的"高端市场"，将很难见到你的身影。

做事靠己，赚钱靠人

人生中最大的财富便是人脉，因为它能为你开启所需能力的每一道门，让你不断地成长，不断地贡献于社会。

——［美］安东尼·罗宾

在社会竞争日益加剧的今天，单打独斗已经很难取得较大的成就。君不见，多少从前水火不容的大公司、大品牌，为了生存壮大，互利共赢，如今放弃前嫌，握手言欢？人也应该一样。作为个体的人，套用一句俗话来说：一个人即使浑身是铁也打不了几个铆钉。因此，积累人脉，更快地获取财富，成了当前人们的共识。美国有谚语说：20 岁赚钱靠体力，30 岁赚钱靠脑力，40 岁以后赚钱则靠交情。中国也有人说：30 岁之前赚钱靠自己，30 岁之后赚钱靠他人。

◎ 人脉是一张无形的存折

23 岁，当很多女孩子刚刚走出象牙塔初入职场时，朱艳艳已经是兰生大酒店的公关部经理了。当时的她每天都是在忙碌中度过的。比如说引导外国客人参观、游览，举办各类宴会、新闻发布会，联络新闻媒体，企业与政府关系维护等，工作的跨度非常大。

几年的历练，除了打造了朱艳艳的成熟和自信，还为她编织了一张无所不包的人际关系网：一大帮娱乐、经济、体育等业别的记者朋友，以及节目主持人、各类明星、酒店经理，还有政府部门上上下下的各级人员，朱艳艳都混了个脸熟。

人生中的第一份工作，无疑为她打开了一扇门，也为她积累了第一桶"金"——人脉的无形资产。不过真正体会让她体会到人脉资源的价值，还是源于一件小事。

"当时有一个熟人策划一个新闻发布会，但是他自己和媒体不熟悉，就找我帮忙联系相关的记者，我不费吹灰之力就帮他搞定了！"事后，朱艳艳第一次强烈地感受到市场对于公关服务的需求，这令她萌发了自己创办一个公关公司的念头。

创业的初期总是难熬的。公司一共几个员工，他们每天的工作就是通过黄页查找客户，再电话"骚扰"对方，有时干脆到对方公司去。但一圈下来，收效甚微。残酷的现实让朱艳艳明白：作为毫无名气的新公司，如果又没有熟人介绍，客户不知道你的底细，哪里敢用你！

第一个转机发生在 1996 年。朱艳艳的一个朋友在一家美资的自来水管公司工作。有一天她的这个朋友告诉她，公司需要做些媒体公关，但自己没有经验。直觉告诉她，这是一个机会。虽然只是写写新闻发布稿，联络媒体记者之类的简单"活儿"，朱艳艳还是十二分地用心去做，最后赢得了客户高度地赞扬。

第二年，朱艳艳获得了第二个客户。当时哈根达斯推出一种市场上全新的冰激凌月饼，其推广业务由一家 4A 广告公司全权负责。该广告公司想将该业务的一部分转包，但苦于和国内的媒体少有交情，只知道朱艳艳这人，于是就将分包业务给了她。依靠媒体关系这笔独特的资源，朱艳艳最大限度地挖掘其中的潜力。

被朱艳艳称为"转折点"的客户是美国的家用电器巨头"惠而浦"。外国公司对公共关系是非常重视的，而且也有请公关公司服务的习惯。当时惠而浦进入中国市场没几年，但一直没有找到一家满意的公司。就在惠而浦的上一家公关公司的合约即将到期之时，朱艳艳的一位在惠而浦工作的朋友向老板引见了她。短短的十几分钟内会面，朱艳艳恰到好处地解说了自己公司能为惠而浦提供的服务。老板当即拍板，OK，就用你们吧！

这之后就一发不可收拾了。联合利华、三菱电机、通用等，都成为朱艳艳的客户。而且最令她骄傲的是，这些客户的忠诚度极高，至少到现在还没有炒她鱿鱼的。而随着经验的成熟，公司的业务也由原来简单的媒体联系，发展到活动策划、政府关系、公共事务、危机公关、全球新闻发言人等等。

凭 2001 年一手策划的"奥妙新妈妈大赛"，朱艳艳还成为荣获国际"金鹅毛笔奖"的首位中国公关人。如今，由她一手打造的上海视点公关公司正飞速成长，成为上海著名的公关公司之一。

在你的"人生存折"中，除了金钱、专业知识，你有多少人脉？你的"人脉竞争力"有多强？

到底什么是"人脉竞争力"？"相对于专业知识的竞争力，一个人在人际关系、人脉网络上的优势"就是我们定义的人脉竞争力。专业与人脉竞争力是一个相乘的关系，如果光有专业，没有人脉，个人竞争力就是一分耕耘，一分收获。但若加上人脉，个人竞争力将是"一分耕耘，数倍收获"。

哈佛大学为了解人际能力对一个人的成就所扮演的角色，就曾经针对贝尔实验室顶尖研究员做调查。他们发现，被大家认同的杰出人才，专业能力往往不是重点，关键在于"顶尖人才会采用不同的人际策略，这些人会多花时间与那些在关键时刻可能有帮助的人，培养良好的关系，在面临问题或危机时便容易化险为夷"。

◎ 职场处处皆贵人

5 年前，一个面部黝黑，留着小板寸的年轻人怀揣着梦想来到北京寻找发展机会。他从一家公司的小职员做起，到后来成为经济观察报培训部门的负责人，再到后来自己创业开设金融传媒教育公司，及至现在成立金融投资顾问公司。这一次次人生的飞跃，都让人难以置信，却又真实地存在。他，就是许飞，北京普尼科国际投资顾问有限公司总经理。

当初刚落脚北京时，许飞在一家培训公司打工，业务往来中结识了经济观察报的部门主任李晗飞。正是这位报业老大哥——他职业生涯中的第一位贵人的提携，令许飞从打工仔成为一位老板。当时谙熟培训业务的许飞有了更大的梦想，希望能有机会独当一面。李晗飞正是给这些梦想搭建舞台的人。他把许飞引见给报社的领导，双方在磋商之后一拍即合，决定在经济观察报下面成立一个新的培训部门，这个部门由许飞承包，主要是开办高级管理培训课程。一间经济观察报送给他的办公室，加上他自己招聘得几个员工，业务就这样开始了。

为了快速发展自己，许飞利用经济观察报这块绝好的牌子，找到当时美国一家著名的培训公司在中国开设的分部，和他们达成协议，由许飞为他们做免费宣传以打开市场，而这家公司则从美国请来著名的学者为许飞的管理培训课程授课，不收取他任何费用。这是个双赢的选择，合作双方都非常满意。

培训课程吸引了很多实业界的老总参加，这给许飞打开了一个全新的天地。他利用课余的机会与这些企业家聊天，了解行业的信息，企业的经营，从而使他对于中国的产业经济有了更多的了解和认识，并且和这些企业老总建立了私交。

"哪个企业的老总叫什么名字，他们的太太是谁，甚至孩子在哪里读书，我都知道得清清楚楚。我敢说大多数记者都不如我了解得多。"许飞后来回忆说。

而他职业生涯中的第二个贵人是一个叫董功文的人，美国花旗集团投资银行的中国区副总裁。认识董功文纯属某种巧合。当时许飞在北京租的房子恰巧是董功文的，而董功文的太太又正好是许飞的老乡，一来二往，他们也就熟识了。两个人都很健谈，话题从人生到事业，常常一聊就是几个小时。

有一天，当许飞透露出想自己创业开设一家管理培训公司时，从事投资银行的多年，眼光独具的董功文决定在许飞身上投资：成立一个针对金融方面的管理咨询公司，董功文负责投资，许飞负责打理，经营利润分成。

这在其他人看来，这种组合有些不可思议。一个是高级投资银行经理人，几乎站在金融行业的最高端，地位和经济实力自不用说，而许飞却只是一个没有任何的背景，刚出来混生活的"毛孩子"。

"因为与董先生相处时间一长，他了解到我是一个愿意做点儿事的人，也是一个能做点儿事的人。我当时已经具有非常广的人脉关系了，从大银行到城市中小银行，还有实业界，应有尽有。这对一个新公司来说，是非常难得的资源。"后来许飞谈到董功文为什么会在他身上投资时说。

董功文为许飞筹集了创业的大笔资金，这一点决定了许飞创立的金融传媒教育公司从一开始就拥有很高的起点。此外，董功文不仅是许飞的合伙人，更是他经营、人生的指引者。董功文为他提供了大量有价值的建议，并启发他做任何事情一定要专注，心无旁骛。这些人生箴言对许飞的指引比提供资金更重要，令许飞受益无穷。

由于他的培训公司的目标群体都是银行界的有头有脸的人物，而邀请来授课的也必须都是响当当的人物，因此授课双方都不是随便请得动的。为此，许飞经历了创业的初期的苦苦煎熬。

后来，许飞遇到了他职业生涯中的第三个贵人，某银行北京分行的经理徐健。除了是银行经理外，徐健的另一个身份是某著名大学MBA 联合会秘书长。许飞当时对运营 MBA 课程项目充满兴趣，所以主动找到徐健请教。两人相聊甚欢，没多久就称兄道弟了。

因为一直在银行工作，徐健自己在银行界有很多人脉，而且作为MBA 联合会秘书长，他在 MBA 的圈子里也有很广泛的网络。徐健为许飞介绍了许多银行界的朋友以及 MBA 圈子里的人，使得许飞的人脉雪球越滚越大，关系网也迅速膨胀。正是徐健毫无保留的、真诚的帮助，许飞的公司在业务上取得了质的突破。

公司越做越有经验，越做越大，后来成立了北京普尼科国际投资顾问有限公司。主要业务是金融培训、高层管理培训；同时对培训产业进行投资。此外，公司还创办了《银行人在线》网站，《金融经理人》杂志；同时参股远程教育和培训公司；目前在北京和杭州设有办公室，即将在深圳、上海、天津等地设立分公司。

回首往事，许飞说，他一路走来，必须感谢几位贵人给予他巨大帮助的人，没有他们的带领和提携，他的人生也许不会如此多姿多彩。

你发觉在目前的老板、上司手下好好工作有多么重要了吗？如果你在他们那里获得了良好的口碑，那么这些贵人要么会大力提拔你，要么有可能给你推荐更好的机会。

参考表7.1，测试你的人脉如何。

表7.1   **"人脉"类型测试**

类　型	表　现	建　议
铁齿型	人脉好＝攀关系，我才不做这种事 凡事不求人，万事靠自己，哪里需要人脉 工作都忙不完了，哪有时间建立人脉 现在努力加强专业就好，建立人脉是以后的事	这种类型的人通常都很有工作实力，做事有自己的一套，但现在是一个讲究团队工作的时代，单打独斗既不能拓展格局又不能持久。所以，适时地分享你的经验，或是帮助其他人，会得到想象不到的收获
软脚型	我脸皮薄怕被人拒绝，建立人脉太难 别人讲话我只有听的份，怎么建立人脉 生活＝办公室＋我家，去哪里建立人脉 周末只想睡大觉，别说人脉，连出门都懒得动	这类人比较内向、不善交际，但经营人脉并不是要当花蝴蝶，其实你可以从当一个好的倾听者开始，建立别人对你的信赖。工作之外的时间，可以参加与自己嗜好有关的社团活动，例如登山社、旅行团、美术馆义工等，增加认识朋友的机会，对性格有潜移默化的作用
唬烂型	有人脉＝好办事，我做事最吃得开 有人脉，升迁就像坐电梯，没人脉，升迁就像爬楼梯 人脉要过滤，没利用价值的人，不用浪费时间 我认识许多大老板，人脉好得不得了	这类人最好放下身段、脚踏实地经营自己的专业实力，才能走得比较远比较稳。不要整天计算周遭人的利用价值，这种功利心态真的很让人讨厌！不要忘了，你利用别人一次，人家不但会永远记得，还会告诉别人。这样，就算你认识的人再多，别人提到你的名字都嗤之以鼻，这样恶质的人脉不如没有

类 型	表 现	建 议
全灭型	朋友有难，两肋插刀，我用血泪换人脉 别人都躲着我，人脉出现大危机 每次提出要求都石沉大海，人脉实在不可靠	这类人的人脉基本上已经亮起红灯，因为你用错误的观念去经营人脉，这不但危及自己的工作、信用扫地，甚至可能有触犯公司规定或法律的可能。及时煞车，重新检视自己对于人脉的定义，用正确的态度找到人脉入口，重新出发

建立人脉的 6 大路径

完整的人际关系包含三阶段，发掘人脉、经营交情、出现贵人。

——卡内基训练大中华区负责人　黑幼龙

佛经上说："未成佛道，先结人缘。""人"字的组成是一撇和一捺，这意味着人之所以为人，就是因为相互支撑。所以，广结善缘，是你在这个世界上的生存良策；广结人脉，有一天，机会的大门会在你面前豁然洞开。

◎ 工作往来：让生意人财两得

天已经很晚了，一对年老的夫妻走进一家旅馆，他们想要一个房间。前台侍者满脸歉意地说："对不起，我们旅馆已经客满了，一间空房也没有剩下！"看着这对老人疲惫的身影，侍者又说："但是，让我来想想办法……"

过了十几分钟，好心的侍者将这对老人引领到一个房间，说："也许它不是最好的，但现在我只能做到这样了！"老夫妻俩看见眼前是一间简陋而整洁的屋子，就愉快地住了下来。

第二天，当他们来到前台结账时，侍者却对他们说："不用了，因为我只不过是把自己的屋子借给你们住了一晚！"原来侍者自己一晚没睡，在前台值了一个通宵的夜班。两位老人十分感动，离开时老人对侍者说："孩子，你是我见到过的最好的旅店经营人。你会得到报答的！"

"哪里哪里，我只是帮了你们一点儿小忙而已！"侍者笑着将两位老人护送出了门，不久就把这件事情忘了。

有一天，侍者接到了一封信，打开一看，发觉里面有一张去纽约的单程机票，并附言聘请他去做另一份工作。侍者乘飞机来到纽约，按信中所标明的路线找到目的地。抬眼一看，一座金碧辉煌的大酒店耸立在他的眼前。

"这是怎么回事？"侍者有些摸不着头脑。后来他才明白，几个月前的那个深夜他接待的两位老人，是有着亿万资产的富翁和他的妻子。富翁为侍者买下了一座大酒店，深信他会经营管理好这个大酒店。这就是全球赫赫有名的希尔顿饭店首任经理的传奇故事。

这确实是个类似天方夜谭的故事，但却在历史上真实地存在。实际上，在你工作的身边尽管很难出现这样的机会，但每天都会出现这样那样的、或大或小的机会，问题是你有没有看见，有没有意识去发掘。

①做好自己的本职工作以获取人脉：在你工作的过程中，难免与这样那样的客户打交道，你是否尽职尽责地做好了自己的本职工作，获得客户的满意甚至感动呢？如果你的回答是肯定的，那么很有可能将来的某一天，某位客户就会给你提供一个全新的机会，原因是他们与你打交道的过程中熟悉了你的人品，还有你的能力。

②主动出击创造获取人脉的机会：无论是在公司内部，还是与客户的交流中，主动出击，就会创造出原本没有的机会。据说台湾日月光半导体总经理刘英武当初在美国 IBM 服务时，为了争取与老板碰面的机会，仔细观察老板上洗手间的时间，自己选择在那时去上洗手间，以增加互动。至于针对客户主动出击创造机会，绝不要理解为在目前公司的岗位上对客户投怀送抱，而是说做好与客户的关系维护。比如，你是做培训业务的，那么记录好客户的沟通联络方式，了解客户的生日等信息，适时送去你的问候，就可能在将来得到意想不到的收获。

◎ 熟人介绍：扩展你的人脉

IBM 公司有一项特别又有效的人才引进途径，那就是实行内部推荐招聘。公司方面充分信任自己的员工，奉行"内举不避亲"，鼓励员工介绍自己的亲朋好友来 IBM 公司。如果公司内部员工推荐的人很适合 IBM 的要求，IBM 还会给予推荐人 1000～5000 元的奖金，以奖励他对公司的贡献。

中国人力资源开发网发布的《中国企业招聘现状调查》显示，无论是通过新兴的网络招聘，还是使用传统的报纸招聘、人才交流会，都比不上熟人推荐的效果明显。无论是招聘高层管理者，还是中层经理或者一般员工，超过半数的企业最认可的招聘方式是通过员工或熟人推荐人才。大多数 HR 都表示，熟人推荐来的人可信度比较高，对其背景也可以了解得比较清楚，用人上较为放心。

◎ 参加培训：学知识，交朋友

到中央党校学习，已成为广东民营企业老板的一种时尚。2005年，广东已有 300 多名民营企业老板自费到中央党校学政治，学管理，了解经济形势。

广东非公有经济研究会常务副秘书长刘洋说，广东省是民营企业老板到中央党校学习最踊跃的省份。一年 4 期的民营经济与实务进修班，每期招收全国学员约 150 人左右，来自广东的民营企业老板均超过 1/3，有一期还去了 90 多人。难怪一位党校老师开玩笑说，听到那么多学员讲广东话，还以为到了广东讲课。

据了解，到中央党校"充电"的广东民营企业老板中，许多都是大腕级人物，如志高空调李兴浩、绿茵阁的林欣、天天洗衣的卢志基以及许多后起之秀。这些学员所掌控的企业中有 1/4 属于广东百强民营企业。

个别民营企业老板还学上了瘾，如志高空调的李兴浩。他第一次到中央党校学习是 20 世纪 90 年代末，当时到党校学习的民营企业老板凤毛麟角。而当他最近再去的时候，发现那里的民营企业大腕济济一堂。李兴浩表示，脱产到党校学习，虽然会耽误一点生意，但领悟了很多破解难题的方法，结交了很多难得的朋友，值得！

参加与自己的工作或兴趣有关的各类培训班，有三大好处：一是学知识、长见识、开拓思路；二是知道天外有天、人外有人；三是借此绝好地拓展人脉资源。还有许多朋友说，他们去上培训班，读 MBA，最大的目的是去认识更多的人，至于增长知识，获得见闻，倒在其次。

◎ 聚会活动：让人脉在学习、休闲中舒展

鲁彦就职于广州市一家广告公司，职务是人力资源助力。有一次，在朋友的带领下，她参加了市内某著名管理精英俱乐部举办的关于人力资源管理方面主题的沙龙。

沙龙上特邀嘉宾们侃侃而谈，时不时唇枪舌剑，在座者掌声不断。活动非常轻松随意，参与者可以随时打断嘉宾们的谈话而向他们提问题，或发表自己的见解。在谈到"员工忠诚度"这个话题时，嘉宾们争论得十分激烈。

"对不起！我不同意刚才付经理的看法，我认为员工忠诚度的前提首先是企业忠诚度，也就是说企业要对员工忠诚。只有这个前提条件存在，我们才能谈论如何培养员工忠诚度……"鲁彦在嘉宾们争论的当儿，大胆插话进去，反驳某公司的 HR 经理。

不打不相识，自从他们在沙龙认识后，慢慢变成了不错的朋友。后来，因为某些原因，鲁彦决定离开原来的公司。

"来吧，来我们公司，我们欢迎你！"当付经理得知鲁彦离职在家，在电话中对她说。结果，鲁彦还真去了他的公司，成为他手下的一名干将。

平常太主动亲近陌生人时容易遭到拒绝，但是参与沙龙、俱乐部、社团、休闲聚会时，人与人之间的交往、互动，有助于建立情感和信任。但是，要注意，如果你参加了某个沙龙、俱乐部、社团，

最好能谋到一个组织者的角色，如干事、理事长、会长、秘书长等，因为这样你就得到了一个服务他人的机会。而在为他人服务的过程中，自然就增加了你与他人联系、交流、了解的时间，你的人脉之路也就在自然而然中不断延伸。

对于休闲聚会，有些人因为好静，本能地厌恶参加闹哄哄的聚会，认为这些活动纯粹是在浪费时间和精力。但如果你想扩展你的事业，这些活动对你来说是必不可少的。你需要做的是，分辨出哪些该参加，哪些该拒绝参加。一旦决定参加，就应认真参加，并争取担负某项任务，否则，除了烟、酒、饭之外，你还能获得什么？这些休闲聚会活动包括同学会、老乡会、战友会、联谊会、户外郊游等，若时间安排得过来，应尽可能地参加。

◎ 网络、媒体：让你的人气尽情绽放

有一位老板经营一家专业改装车辆外观、装饰汽车的装配店。公司刚开业的时候生意很淡，经人指点，他混迹于网络上一些车友会的BBS。一年多过去，他在很多BBS上都成了赫赫有名的人物，经常有人向他讨教汽车知识，探讨改装车的潮流。最后，很多人谈着谈着就将车开到他的店里"实践"了。

在网络发达的几天，人们的生活模式大大发生了改变。有的人利用网络滋生虚拟恋情，有的人则利用网络搭建与他人沟通的桥梁，从而获得人脉的迅速延展。

建立个人网站、主页，或登陆到形形色色的论坛，不失为利用网络推广自己的好办法。除了网络外，行业内的报纸、杂志等也是扩大自身影响的绝好机会。写一些有见地的专业文章到业内媒体上投稿，这样既整理了自己的思路，磨炼了自己的笔头，更重要的是打开了一扇让别人了解你的窗口。

"我们比较关注业内的权威媒体，察看有哪些人在上面发表颇有见地的文章，然后查询他们的背景，存入我们的猎头人才库，以备我们选用！"一位猎头公司的负责人谈到如何搜集高级人才信息时说。

◎ 善小而为：惊喜就在善小后

在飞往 N 市的飞机上，为本市寻找投资项目的 N 市副市长疲惫异常，上飞机后不久就打起盹来。就在他打瞌睡的时候，他感觉有什么东西掉在地板上。迷迷糊糊睁开眼，他发现原来是一副墨镜掉在离他脚边不远处。

"喔！"他右手座位上的乘客发出低低的叹声。从其表情推测，掉在地板上的墨镜是他的。

副市长感觉自己的位置更容易捡起地板上的墨镜，于是弯下腰将其慢慢捡了起来。捡起墨镜后他没有立即将其递给邻座的乘客，而是从西服口袋里摸出自己的眼镜布，将墨镜擦了擦，才微笑着将其递给对方。

"谢谢，谢谢！"邻座的乘客一边接过眼镜，一边不停地低声道谢。

副市长微笑着点了点头，然后闭上眼睛又开始打盹了。飞机飞到后半程的时候，副市长醒了。望着窗外掠过的朵朵白云，他长长地伸了个懒腰，然后就盯着窗外出神。

"您好！请问……"

副市长把头转过来，发觉是他右手座位上的、自己帮其拾起眼镜的那位乘客想跟他聊天。就这样他们攀谈了起来。不聊不知道，一聊双方都吓了一跳：一个是位高权重的 N 市副市长，一个是腰缠万贯的香港亿万富豪。

"官不好当啊！省长让每个地级市在产业大方针的指引下，自行招商引资，并给每个城市下了明确的指标，完不成任务就要到省长办公室去讲明缘由。并且明令各市市长督导，副市长全权负责此事。所以政令一出，我们全省的各个地级市副市长都没回过家，全在外面跑！这不，我才从香港回来。"谈到自己此次出差的目的时，副市长感叹说。

"那，请问您的任务完成得如何了？"香港富豪问道。

"指标才完成了一半！很多投资人倒是对我们沿海这一地理优势很感兴趣，但认为引资政策不够优惠，因此顾虑重重，不敢下单！"

"那，您看我怎么样？"

"您，此言当真？"

"当真！一路行来，我发觉您是个实实在在想做点事的政府官员，而我也正出来考察投资项目。原本是先去 S 市的，现在决定先去您那看看！"

结果，该香港富商不但在 N 市一下投资了 5 亿多，而且还拉来他的不少朋友来投资，总计近 20 多亿。就这样，N 市副市长的引资任务还超了标。

帮忙捡一下眼镜，结果引来 20 多亿的投资项目，值还是不值？许多人面对陌生人，眼皮耷拉，面无表情，哈欠连连，一付拒人于千里之外的姿态，更不要说什么伸出他们的手，给别人一个小小的帮助。

因为父母教育他：千万不要跟陌生人搭讪；因为自私自利的人生哲学告诫他：萍水相逢，我凭什么要帮助他？因为几秒钟、几小时、或者说几天过后，谁也就不认识谁了，我的帮助何以得到回报！

上面案例中的副市长不这么想，他不但帮他人拾起了眼镜，而且还帮忙擦干净了才还给对方，难能可贵啊！为什么不习惯性地伸出你的友谊之手，给周围的陌生人一个小小的、爱的帮助呢？千万不要想着什么回报，因为正是你无私的善举，才有可能获得意想不到的回报。

最后要提醒读者注意的一点是，在人脉建立的过程中，有一个技巧非常重要，那就是随身携带名片。因为名片之于商务人士，如同击剑手之长剑。否则，好不容易认识了一个陌生人，因为没有名片，不久就失去了联系，多可惜！

专业人士总是时时带着自己的名片，稍有合适，他们就会四处派发；而一些不太有心的人士，要么不经常带名片，要么从口袋里掏出一张皱巴巴的纸，或从某个地方撕下一张纸的角落，然后签上自己的大名（我敢说，十之八九的人很快就会将这张纸片丢弃）。更有甚者会这样说：要不您伸出您的手，我把我的联系方式写在您的手上。身兼上海香港商会理事等数职，身价上亿的吴樾华先生说："为了随时认识更多的朋友，我随身都带着自己的名片。那天要是出去没有带名片，我会浑身不自在，其感觉就像自己出门没有带钱一样！"

人脉经营的 4 大原则

人脉，或者说人际关系，这是一门人生的大学问，很重要。

——台湾花旗银行董事长　杜英宗

人脉看似容易构造，其实经营起来有很大的学问。曹雪芹在《红楼梦》一书中写道：世事洞明皆学问，人情练达即文章。这句经典之言，既表达了人脉经营的重要性，也表达了人脉经营的难度。但这并不是说人脉经营无章可循，只要我们遵循人脉经营的一些主要原则，你也可以成为人脉经营的高手。

◎ 乐于奉献

上帝创造了三个人，并准备把他们投到人间。在将他们投到人间之前，上帝问他们一个问题："到了人世间你准备怎样度过自己的一生？"

第一个人脱口而出："我要充分利用生命去为人间创造！"

第二个人想了想，回答说："我要充分利用生命在人间享受！"

第三个人回答说："我跟他们两个人有点一样，但又有点不一样。我既要为人间创造，又要在人间享受！"

根据他们的回答，上帝给第一个人打了 50 分，给第二个人也打了 50 分，给第三个人打了 100 分。他认为第三个人才是最完美的人，为此他决定多生产一些"第三个"这样的人。

后来，这些人经历生死轮回，灵魂纷纷回到了天堂。上帝左看右看，发觉第一类的人的灵魂无一例外地都回到了自己的身边，第二类人的灵魂一个也没有看见，而第三类人的灵魂只有一部分回来了。

"这是怎么搞的？"上帝大惑，并委托人去调查。

不久后，调查的人回来禀报上帝："亲爱的上帝呀，人类为第一类人打了 100 分，为第二类人打了 0 分，为第三类人打了 50 分。为此，第一类人的灵魂全部回到了天堂，第二类人的灵魂被人间扣押着，让他们为自己在人间的所作所为而赎罪！第三类人的灵魂也有一部分给人间扣押了，原因是他们犯了与第二类人类似的罪行！"

这当然是个子虚乌有的笑话，但却反映了人们的一种价值取向，即乐于奉献，才能为人们所喜欢，反之，则为人们所厌恶。

因此，人脉积累的第一原则是要乐于奉献，之后才能有所回报。这正如烤火与添柴，只有向添加柴火，才能有暖暖大火，如果人人只是想烤火而不去添柴，火苗很快就会熄灭。

尤其当你人微言轻，缺少"大块"资源与他人交换时，那么你只能用你的诚心、耐心、笑脸等去博取某些东西。套用我前面谈到的理论来说，那就是你既然缺少现成的利与名去博取利、名、情，而又不是才华横溢，天生俊美，那么只能靠过人的品格去撬动你所需的东西。

◎ 互惠双赢

一个禅师走在路上，因为天太黑，行人之间难免磕磕碰碰，禅师也被行人撞了好几下。就在他继续向前走时，远远看见有人提着灯笼向他走过来。这时他听见身边有个路人说道："这个瞎子真奇怪，明明看不见，却每晚都打着灯笼！"

等那个打着灯笼的人走过来时，禅师发觉他果然是个盲人。禅师觉得非常奇怪，于是便上前问道："你真的是盲人吗？"

那个回答说："是的，我从生下来就没有见过一丝光亮，对我来说白天和黑夜是一样的，我甚至不知道灯光是什么样的！"

禅师更迷惑了，问道："既然这样，那你为什么还要打着灯笼出来呢？"

盲人说："我听别人说，每到晚上，因为没有灯光，人们都变成了和我一样的盲人，所以我就在晚上打着灯笼出来。"

禅师感叹道："原来你所做的一切都是为了别人！"

盲人沉思了一会儿，然后回答说："不是，我为的是自己！"

禅师大惑，问道："为你自己？愿闻其详！"

盲人说："你刚才有没有被别人碰撞过？"

禅师说："有啊，我差点被两个人撞倒。"

盲人说："这就对了！尽管我是盲人，什么也看不见，但我从来没有被人碰到过。因为我的灯笼既为别人照了亮，也让别人看到了我，这样他们就不会因为看不见而撞到我了。"

许多人对人脉有一种错误理解，那就是获取人脉、积累人脉，就是为了利用人脉。这话一点也不假，但问题是你如何获取人脉呢？

台湾作家高阳的《胡雪岩》一书中，红顶商人胡雪岩说道："一切都是假的，靠自己是真的。人缘也是靠自己。自己是个半吊子，哪里来的朋友？"这句话可谓一语道破天机，相当深刻地阐述了拓展人脉的秘诀，即只有自己有资源（利、名、情、才、德、貌）与他人交换时，别人才愿意与你做朋友，才愿意与你交换，否则，人脉是一句空话。因此，互惠双赢是人脉拓展最重要的原则。

所以，不断增加自己被别人利用的价值，并舍得拿出自己的价值与别人交换，是人脉积累的必经之路。

◎ 诚实守信

2003 年底，从某杂志主编位置上辞职以后，高彦怀揣着 1 万多元开始自主创业，成立"明月文化工作室"，从事与书籍、杂志有关的策划、设计、编排等业务。自创"明月"的第一天起，高彦没把赚钱当成第一目标。人生几度跌宕的他，骨子里沉淀着文化人的倔强，认为做事先做人。

于是他常常告诉客户，说他的收费在同行业中算中等偏高的，并讲明缘由。然后他会向客人介绍行业内的整体情况，有时还会根据客人需要，将他们推荐给业内其他公司。这样做当然是要花费更多的心血和时间与客户洽谈，有时候还会放走了业务单。但是相信商道重于商利的高彦，一直坚持着诚信做人、坦荡从商的原则。时间一长，某些机关、学校需要找人对自己的内刊进行整改，于是托熟人介绍相关公司，结果被介绍的往往都是高彦的工作室。

工作室成立至今，令高彦倍感欣慰的是，所有与他合作过的客户，无一例外地成了回头客，大家在合作中成了互相信任的朋友。平日里，朋友之间交往不谈利益，只论艺术与思想。因才情颇具和做人的爽利，在深圳的书画界，高彦结识了许多至诚的朋友。这使得他在策划与设计之外有了很好的人脉资源可以运用。

"这些朋友才是我的财富！"高彦常常这样说。

马克思曾说过："友谊需要忠诚去播种，热情去灌溉，原则去培养，谅解去护理"，孔子说："与朋友交，言而有信"，讲的都是为人诚信的重要性。约定的聚会，要按时出席；朋友托办的事，答应了，就要办到；借别人的款项、物品，要如期归还……这些不是无关紧要的小节，而影响到个人信誉和人际关系的大问题，切不可掉以轻心。

◎ 心胸开阔

台湾有一位专门从事艺术品推销的胡先生，在台湾艺术圈颇有知名度。20 多年潜心推销之道，他积累了相当丰富的经验。在他的支持下，许多艺术人才得以崭露头角，并因此而发迹的也为数不少。

一个偶然的机会，胡先生认识一位专事陶器制作的艺术家董先生，其制作出的陶器别具一格，胡先生看后爱不释手。但董先生只会制作陶器，根本不懂得对自己及自己的艺术品进行推销，因此他的艺术品在市场上售价很低，基本上只能混个温饱。

两人一聊天，才发觉彼此都是同乡。以胡先生的商业兼艺术眼光来看，董先生的艺术品经过包装，将会极受欢迎，因此胡先生决定帮这位同乡将他的陶艺品打入台湾主流市场。董先生听到后极为高兴，二人很快就签订了一纸合约：董先生只管负责陶艺制作，胡先生全面负责市场推广与维护，获利后按六四开分成。

就这样，他们开始了愉快的合作。胡先生利用他的人脉拉赞助，为董先生举办个人艺术品展，在主流媒体上大肆宣传，并举办别开生面的拍卖会等，使得董先生一时声名鹊起。三年后，董先生的陶艺品成了许多名人喜爱的收藏品，单件售价高达10万美元。

有了知名度的董先生开始心有不平：自己每件艺术品销售收入的40%就这样给胡先生拿去了，实在有些不合算，于是经过一番思索，决定抛开胡先生单干。

接到董先生的电话，胡先生先生一愣，缓了一会儿，他说了一声"可以"，就把电话挂上了。

董先生没想到，脱离了胡先生，缺乏商人智慧的他根本不懂得经营。尽管顾念同乡之情的胡先生给他支过招，告知他经营中应注意的一些基本事项，但董先生还是做不起来，市场越来越差，陶艺品价格一路下跌。没有办法，董先生上门来求胡先生，希望二度合作。

胡先生看着一脸沮丧的董先生，最后说了句"让我考虑几天再说"，就转身进了里屋。一个星期后，他们再次签订合同，再次进行合作。

"董先生是我的老乡，而且确实也是一个不可多得的艺术人才，因此很需要我这样的人去包装他，推广他。我念同乡之谊，并且爱才，才愿意帮助他，至于那点钱，我才不稀罕，因为我推谁，都可以获得同样的回报！"当有好朋友问及他为什么还愿意与董先生合作时，他这样说。

生活中总有一些人见利而忘义，甚至落井下石，加害别人。如果遇到这种情况，你对这样的人是"宣判死刑"并且"立即执行"呢，还是"缓期执行"，以观后效呢？这需要判断力，更需要心胸。只是有一点我们应该明白，人是利益的动物，有些人在这一点上表现尤甚。

因此，遵循"水至清则无鱼，人至察则无徒"这句格言，多一些糊涂，多一些心胸，或许那些与你重归于好的朋友，会对你更加贴心、忠心。

人脉管理的 5 大技巧

必须时时清理你的人脉，就像清理你的衣橱一样。

—— ［美］彼得·杜拉克

某人因经济原因与人出了点纠纷，为此需要找个优秀的律师给自己打官司。"你原来在律师界不是认识几个不错的朋友吗，联系他们看看嘛！"太太给他支招。他找了好半天，找出几张发旧的名片，按上面的电话拨过去，无一例外地"查无此人"。"人到用时方恨少啊！"他长叹一声。

后来他输掉了那场官司。

◎ 与职业生涯规划相结合

身为某著名汽车品牌公关部经理的卓娅，她的通讯录是一张行业人脉覆盖图，涵盖了她所在行业及相关行业中她认识的每一个人，并按行业类别、职位高低、性格爱好等进行了分类。

卓娅说，一旦她开拓新的业务时，她都会打听好有哪些关键人物她必须打通，然后或找熟人介绍，或主动出击，结识这些人。对于有些一时难以接近的人，她会想尽各种方法，软缠硬磨，直至最终达到目的。

"把关键人物人搞定了，事情差不多就成了！"她经常向好朋友这样面授机宜。

这不，他正在托人打听某行长夫人的情况，因为该行长想为高级经理更换几部车，卓娅了解到行长是个"妻管严"，因此准备先和他夫人取得联系。

"差不多定下来了，她说如果下周二如果有空，可以见面，具体到时再定！"她委托的人打电话过来告诉她说。

还记得吗，《红楼梦》中的贾雨村第一次出来为官时，根本不知官场之复杂，直至门子递给他一个护身符，他才如梦方醒。护身符是什么？用我们现在的话来翻译，就是职场人脉关系图。

因此，在广结善缘的过程中，有一点你必须明白，即将你人脉的积累首先应当与个人职业生涯规划紧密相结合。否则，你结交再多人脉有可能也毫无用处。

①确定职业生涯规划：这在前面的内容中有明确阐述，在此不再赘述。

②评估人脉资源现状：你目前的职业和事业进展得顺利吗？如果顺利，是哪些人给了你最有力的支持和帮助？今后你还要得到他们什么样的支持？如果不顺利，人脉上出了什么问题？

③制定未来人脉资源需求规划：为了实现你的职业目标，你还需要哪些人脉资源的鼎力相助？为了实现长远的职业目标，你还要开发哪些潜在的人脉资源？

④制定人脉行动计划：除了全面加强个人的能力外，你将如何一步步将必要的人脉开发出来。

◎ 遵循 20/80 法则

沈飞是一普通学校专科毕业生，在班主任的鼓励下，他努力通过了专升本考试。毕业那年，因为是本科生，他比同班的那些前一年毕业的专科同学好找工作多了，进了一家不错的电子公司。为此他特别感激当年鼓励自己考本科的班主任。毕业后他一直与老师保持联系，逢年过节他都会去看望班主任。

工作四年后，他感觉自己的"能量"有些不够，需要"充电"，为此征询原班主任的意见，老师与他分析一番后，建议他攻读硕士。经过努力，他又考上了研究生，在三年的硕士学习中，他的老师不仅在学问上给予他很多指导，而且考虑到他经济上有些压力，经常在他参与自己的某些项目后，给予他不少生活补贴。

"许多人读研究生花了家里不少钱，我基本上没有，因为导师给了我很多资助，否则我都熬不下来！"沈飞与人谈起自己的硕士学习经历时，一脸感激地说。

硕士毕业那年，他还想考博士，目标是国内首屈一指的某科研所。他选择的是热门科研单位、热门专业，因此竞争异常激烈。沈飞为此废寝忘食地准备了一年，最后笔试、面试分数下来，他综合排名第二。他感到非常高兴，朋友们为他感到高兴。

结果三天后，该科研所一个电话过来，告诉沈飞没有被录取，原因是他以前就读的学校在全国排不上号，为此他们担心他基础不好。沈飞感到一下被打到了人生的低谷！

导师知道了这个事，把他叫过去，与他共同分析未被录取的原因，并讨论以后究竟是继续复习再考，还是去工作。

"我认为你的底子攻读他们那个所的博士应该是没有问题的，要不你怎么能够在那么多人的竞争中排名第二呢？所以，'底子不足'是借口！依我的看法，你还是再考一次，准备了那么久而没有上，多可惜！"

沈飞听从老师安排，继续苦心复习。半年后，他如愿以偿地考取了。

"这孩子天资一般，但异常能吃苦，很求上进，因此我总想拉拉他！"沈飞的导师有一次谈到沈飞时这样说。

企业经营管理中有一个著名的"20/80 法则"，意义是说，在企业中 20% 的产品创造了 80% 的收入，20% 的顾客为企业创造了 80%的利润，20% 的骨干创造了 80% 的财富……

"20/80 法则"告诉我们，抓问题要抓本质！经营人脉同样是如此。也许，对你一生的前途命运起重大影响和决定作用的，也就是那么几个重要人物，甚至只是一个人。

所以，我们不能平均使用我们的时间、精力和资源，而应区别对待，而是在制定人脉拓展计划中，找出对影响或可能影响我们前途和命运的 20% 的贵人，在他们身上花费 80% 的时间、精力和资源。

◎ 了解需求，满足需求

丹佛公司是伦敦一家牛奶公司，其总经理丹佛先生想将公司的牛奶卖给利物浦的一家旅馆。3 年来，他每星期去拜访这家旅馆的经理一次，参加这位经理参与的交际活动，甚至在这家旅馆中开了房间住在那里，以期得到他们的订单，但还是失败了。

后来有人指点他，让他改变自己的做法，去打探这家旅馆的经理最感兴趣的是什么。

经过一番了解，他知道该经理是英国旅馆招待员协会的会员，并且一直希望成为该协会的会长，甚至还想成为国际招待员协会的会长。为此，每当协会有活动，不论在什么地方，即使再远，再忙，他都会到会。

再一次拜访这位总经理时，丹佛就开始谈论关于招待员协会的事。这位经理一听到这个话题，即刻变得神采奕奕。他对丹佛讲了近一个小时关于招待员协会的事，声调充满热情，非常忘情。丹佛很清楚地看出，这确实是他感兴趣的业余爱好。在丹佛离开他的办公室以前，他劝丹佛也加入该协会，丹佛答应了。

这次谈话，丹佛根本没有提到任何有关牛奶的事。但三天以后，该旅馆中的一位负责人给丹佛来电话，让他带着货样及价目单过去。

有句话说得好，"你要想钓到鱼，就要像鱼那样思考"。这也就是说，我们必须弄清楚鱼在想吃什么，然后投其所好，方可钓到鱼。

对待人脉，尤其是你人脉资源中20%最重要的部分，你要像对待尊贵的顾客那样，了解对方的情况：

①基本信息：了解对方的年龄、出生地、教育背景、工作经历、收入状况、职业、事业理想目标、性格特征、个人爱好、家庭状况等各方面的细节。

②需求信息：掌握对方目前工作生活中最大的需求是什么，最看重什么，看看自己能为对方做些什么，能帮上什么忙，能提供些什么参考建议等。

◎ 用惊喜和感动打造人脉忠诚

马华是某大公司外联部负责人，其主要工作是与媒体打交道，发布公司新闻，为此她与许多记者都混得很熟。马华有一个好工作习惯，即在组织记者的时候，顺便将他们身份证上的生日记录在她随身携带的笔记本上。如果在采访的当天，正逢某个记者朋友的生日，马华会出其不意送上一大束鲜花，令老友感动不已，现场掌声雷动。这种温暖的举动，使得马华在广泛的朋友之中有"心灵天使"之称。

许多人为什么人缘不错，认识的人也不少，但是在最需要帮助的时候，却"门前冷落车马稀"？这说明其人脉经营的功夫不到家，一是太宽泛，二是仍然停留在酒肉朋友、泛泛而交的较低的层次上。

在客户关系管理理论中，有很多关于创造顾客忠诚的阐述。其实，经营人脉资源如同经营顾客一样，实现人脉忠诚，尤其是核心人脉的忠诚，才是人脉经营与管理的最终目的。因此，对于人脉对象，尤其是 20% 核心人脉对象，在他们最需要你的时候，你应该就在身边：或者是义不容辞的冲锋陷阵，或者是风急火燎地忙前忙后，或者是你默默地同他在一起。

有时候，可能仅仅是一声真心的赞美，一句鼓励的话语，一个支持的眼神，一个会心的微笑，他都会感到真正友谊的存在，他都会深藏对你深深的感动。

◎ 妥善管理你的人脉库

台湾有位著名的"名片管理大师"叫杨舜仁，他号称有 16000 多张不同人的名片，而经过他自己建立的一套名片管理系统，可以在几秒内找出任何一个想要的人的资料。

让他想到开发这个系统的契机是 2001 年他从原来公司辞职而引发的，当时他群发了 3000 多封电子邮件，告知众亲友辞职的原因，同时感谢大家多年照顾。没想到一周之内，他陆续收到 300 多封回信，其中包括 16 个全职和兼职的工作机会。

"这是我人生的一个转折点！"杨舜仁说，"如果当时是一通通拨电话，可能打不到 10 通就停了。"

于是他开始进行名片管理的研究，有系统地将名片输入计算机中，同时从推荐的 16 个工作机会里，选择一份赴中小企业讲演网际网络应用的兼职工作。他有今天的成果也是靠自己，靠人脉一点一滴建立起来的。

"其实只要会用 Outlook，就能立即进入操作。每天换到的名片要立即在背面批注，包括相遇地点、介绍人、兴趣特征以及交谈时所聊到的问题等，越翔实越好，然后建立'新联络人'时，将这些信息记在备注栏里，以后只要用'搜寻'功能，便能将同性质的人找出来。"杨舜仁耐心地解释。

"现在开始整理你手边的名片，绝不会太迟！"杨舜仁说。

有的人收集的名片倒是不少，但是每次急于寻找一位曾经结识的朋友帮忙，却东找西翻，死活也找不到其名片。那么，何不听从杨舜仁的话，现在就开始整理你手边的名片！

①建立你的人脉资源数据库：如果你的人脉资源十分丰富，建议你进行人脉资源数据库管理。你可以在网上下载一个名片管理软件，然后输入相关数据。比如：姓名（中英文）、工作数据（公司部门与职称）、地址（商务地址，住家地址，其他地址）、电话与传真及行动电话、电子信箱（公司与个人永久信箱）、网址等，甚至还可以输入更个人化的资料，如：QQ 号码、生日、昵称、个人化称谓、介绍人、统一编号等其他资料。

②根据不同层次的人脉资源分类：根据各个朋友的情况，制定出联系、拜访、聚会的不同方式与频率。联系办法也有很多种，打电话、寄明信片、电子邮件、短信、QQ、MSN 等，都可以成为保持联系"热度"的有效方式。

③定期对名片进行清理：每三个月或半年将你手边所有的名片与相关资源数据做全面性整理，依照关联性、重要性、长期互动与使用几率、数据的完整性等因素，最后将它们分成三类，一是一定要长期保留的；二是不太确定，可以暂时保留的；三是确定不要的。将确定不要的销毁处理。